工业机器人设计与应用技术研究

郝瑞林　孙迎建　著

吉林科学技术出版社

图书在版编目（CIP）数据

工业机器人设计与应用技术研究 / 郝瑞林，孙迎建著. -- 长春 : 吉林科学技术出版社，2023.3

ISBN 978-7-5744-0179-2

Ⅰ. ①工… Ⅱ. ①郝… ②孙… Ⅲ. ①工业机器人—研究 Ⅳ. ① TP242.2

中国国家版本馆 CIP 数据核字（2023）第 056458 号

工业机器人设计与应用技术研究

著　　郝瑞林　孙迎建
出 版 人　宛　霞
责任编辑　王运哲
封面设计　树人教育
制　　版　树人教育
幅面尺寸　185mm × 260mm
开　　本　16
字　　数　260 千字
印　　张　11.75
印　　数　1–1500 册
版　　次　2023年3月第1版
印　　次　2023年10月第1次印刷

出　　版　吉林科学技术出版社
发　　行　吉林科学技术出版社
地　　址　长春市福祉大路5788号
邮　　编　130118
发行部电话/传真　0431-81629529 81629530 81629531
81629532 81629533 81629534
储运部电话　0431-86059116
编辑部电话　0431-81629518
印　　刷　廊坊市印艺阁数字科技有限公司

书　　号　ISBN 978-7-5744-0179-2
定　　价　70.00元

前 言

现阶段，我国制造业面临资源短缺、劳动力成本上升、人口红利减少等压力，而工业机器人的应用与推广，将极大地提高生产效率和产品质量，降低生产成本和资源消耗，并且有效提高我国工业制造竞争力。广泛采用工业机器人，会促进我国先进制造业的崛起，有着十分重要的意义。“机器换人，人用机器”的新型制造方式有效推进了工业升级和转型。伴随着工业大国相继提出机器人产业政策，如德国的“工业 4.0”，美国的先进制造伙伴计划，中国的“中国制造 2025”等国家政策，工业机器人产业迎来了快速发展的态势。当前，随着劳动力成本上涨，人口红利逐渐消失，生产方式向柔性、智能、精细转变，中国制造业转型升级迫在眉睫。全球新一轮科技革命和产业变革与中国制造业转型升级形成历史性交汇，中国已经成为全球最大的机器人市场。大力发展工业机器人产业，对于打造我国制造业新优势、推动工业转型升级，加快制造强国建设，改善人民生活水平具有深远意义。

工业机器人已在越来越多的领域得到了应用。在制造业中，尤其是在汽车产业中，工业机器人得到了广泛应用。如在毛坯制造（冲压，压铸，锻造等），机械加工，焊接，热处理、表面涂覆、上下料、装配，检测及仓库堆垛等作业中，机器人已逐步取代人工作业。因此机器人产业的发展对机器人领域技能型人才的需求也越来越迫切。

为了满足岗位人才需求，满足产业升级和技术进步的要求，部分应用型本科院校相继开设了相关课程。本书重点讲述了工业机器人基本操作、工业机器人坐标系数据设置与校准、工业机器人搬运编程与操作、工业机器人码垛编程与操作、工业机器人维护保养等内容。

由于编者水平和经验有限，书中错漏在所难免，敬请广大读者批评指正。

目 录

项目一　工业机器人的概念和结构

项目概述

工业机器人的发展与工业自动化的进程息息相关，并且推动着生产力的提高和整个社会的发展。工业机器人以人类服务为目的，促进人类生活的不断改善。本项目主要对工业机器人的定义、组成、特点、结构等方面的内容进行介绍，使读者对工业机器人有初步的认识。

任务一　工业机器人的概述

任务目标

1. 了解工业机器人的相关概念。
2. 掌握工业机器人的基本组成。

任务描述

了解工业机器人在工业自动化发展中的重要作用以及工业机器人的相关概念，并且熟练掌握工业机器人的基本组成。

任务实施

1.1.1 工业机器人的定义

机器人是自动执行工作的机器装置。它既可以接受人类的指挥，又可以运行预先编排的程序，还可以根据以人工智能技术制定的原则纲领执行动作。因此它的任务是协助或取代人类的工作，例如生产制造业、建筑业，或是危险场合等的工作，主要涉及军事、航天科技、抢险救灾、工业生产、家庭服务等领域。

美国机器人工业协会（U.S.RIA）对工业机器人的定义：工业机器人是用来进行搬运材料、零件、工具等可再编程的多功能机械手，也可通过不同程序的调用来完成各种工作任务的特种装置。

我国对工业机器人的定义：工业机器人是一种能自动定位，可重复编程的多功能、多自由度的操作机；它可以搬运材料、零件或夹持工具，用以完成各种作业；它可以受人类指挥，也可以按照预先编排的程序运行，现代的工业机器人还可以根据人工智能技术制定的原则纲领行动。

1.1.2 工业机器人的基本组成

工业机器人系统是由工业机器人、作业对象及工作环境共同构成的，包括四大部分：机械系统、驱动系统、控制系统和感觉系统。

1. 机械系统

工业机器人的机械系统主要包括手部、手腕、手臂、机身等部分。此外，有的工业机器人还具备行走机构，构成行走机器人。机械系统的每一部分都有若干个自由度，它属于一个多自由度的系统。工业机器人机械系统的设计是工业机器人设计的重要部分，虽然其他系统的设计有各自独立的要求，但必须与机械系统相匹配，并且能组成完整的机器人系统。

2. 驱动系统

驱动系统主要指驱动机械系统关节动作的驱动装置。机器人在工作过程中，所做的每一个动作都是通过关节来实现的，因此，必须给各个关节即每个运动自由度安装相应的传动装置。

根据驱动源的不同，驱动系统可分为液压驱动、气压驱动、电气驱动三种，或者将三者结合起来应用的综合系统，也可以直接驱动或者通过同步带、链条、谐波齿轮等机械传动机构进行间接驱动。

3. 控制系统

工业机器人要执行的每个动作都是由控制系统决定的。因此，控制系统的作用是根据编写的指令程序以及从传感器反馈回来的信号来支配相应执行机构去完成规定的作业任务。

4. 感觉系统

工业机器人与外部环境之间的交互作用是通过感觉系统来实现的。感觉系统包括内部传感器和外部传感器两部分。感觉系统在获取工业机器人内部和外部环境信息之后，将这些信息反馈给控制系统。

1.1.3 工业机器人的特点

工业机器人一般具有四个特征，下面进行详述

1. 拟人功能

工业机器人在机械结构上有与人类相似的部分，比如手爪、手腕、手臂等，这些结构都是通过电脑程序来控制的，并且能像人一样使用工具。

2. 可重复编程

工业机器人具有智力或具有感觉与识别能力，可根据其工作环境的变化进行再编程，

以适应不同作业环境和动作的需要。

3. 通用性

一般工业机器人在执行不同的作业任务时具有较好的通用性，而且针对不同的作业任务可通过更换工业机器人手部（也称末端操作器，如手爪或工具等）来实现。

4. 机电一体化

工业机器人涉及的学科比较广泛，主要是机械学和微电子学的结合，即机电一体化技术。第三代智能机器人不仅具有获取外部环境信息的各种传感器，而且还具有记忆能力、语言能力、图像识别能力等人工智能，这些与微电子技术和计算机技术的应用紧密相连。

综上所述，工业机器人的四大特征，把工业机器人应用于人类的工作和生活等各方面，将给人类工作、生活带来许多方便。

任务二　工业机器人的总体结构

任务目标

1. 掌握机器人总体结构的构成。
2. 了解机器人总体结构的类型。

任务描述

对于任何一个需要进行新设计的系统（包括设备、产品、器件等）来说，其设计工作都应该自顶向下进行。首先要设计其总体结构，然后再逐层深入，直至进行每一个组成模块的设计。

任务实施

总体结构设计主要是指在系统分析的基础上，对整个系统的划分（子系统）、组成模块的配置（包括软、硬设备），以及整个系统的功能实现等方面进行合理的安排和科学的处置。但对于工业机器人总体结构设计来说，核心问题是如何选择由连杆件和运动副组成的坐标系形式。目前，获得广泛使用的各种各样工业机器人通常采用直角坐标式、圆柱坐标式、球面坐标式（极坐标式）、关节坐标式（包括平面关节式）的总体结构。

1.2.1 直角坐标机器人

直角坐标机器人（英文名为 Cartesian Coordinate Robot）是一种能够实现自动控制的、可重复编程的、多自由度的、运动自由度构成空间直角关系的、多用途的操作机，是以 XYZ 直角坐标系统为基本数学模型，以伺服电机、步进电机驱动的单轴机械臂为基本工作单元，以滚珠丝杠、同步皮带、齿轮齿条为常用传动方式所架构起来的机器人系统，它可以完成在XYZ直角坐标系中任意一点的到达和遵循可控的运动轨迹，它采用运动控制系统实现对其的驱动及编程控制。在直角坐标机器人中，直线、曲线等运动轨迹的生成为多点插补方式，操作及编程方式为引导示教编程方式或坐标定位方式。

该机器人具有结构简单，定位精度高，空间轨迹易于求解等优点。由于其整体结构采用各个直线运动部件组合而成，并且适合模块化设计、积木式装配，且其直线运动部件易于标准化、系列化，可根据不同需要将直线运动部件组合成不同的坐标形式，但其动作范围相对较小，设备的空间因数较低，实现相同的动作要求时，机体本身的体积较大。作为一种功能适用、运行稳定、成本低廉、结构简单的工业机器人系统解决方案，其直角坐标机器人大约占工业机器人总数的14%。因末端操作工具的不同，该机器人可以非常方便地用作各种自动化设备，完成焊接、搬运、上下料、包装、码垛、拆垛、检测、探伤、分类、装配、贴标、喷码、打码、喷涂、目标跟随、排爆等一系列工作。特别适于多品种、小批量的柔性化作业，在替代人工、提高生产效率、稳定产品质量等方面发挥着巨大作用，具有很高的应用价值。

通常直角坐标机器人的机械臂能垂直上下移动（沿Z方向运动），并可沿滑架和横梁上的导轨进行水平面内的二维移动（沿X和Y方向运动）。直角坐标机器人主体结构具有三个自由度，而手腕自由度的多少可视用途而定。近年来一种起重机台架式的直角坐标机器人应用越来越多，在直角坐标机器人中的比重正在增加。而且在装配飞机构件这样大型物体的车间中，这种机器人的X轴和Y轴方向的移动距离分别可达100 m和40 m，沿Z轴方向的可达5 m，成为目前最大的直角坐标机器人。因为这款机器人仅仅是台架立柱占据了安装位置，所以能够很好地利用车间的空间。

直角坐标机器人的特点在于：

（1）可多自由度运动，每个运动自由度之间的空间夹角为直角；

（2）能自动控制，可重复编程，所有运动均按程序运行；

（3）一般由控制系统、驱动系统、机械系统、操作工具等组成；

（4）灵活，多功能，因操作工具不同功能也有所不同；

（5）具有高可靠性，能够高速度、高精度作业；

（6）可用于恶劣环境，能长期工作，操作维修简便。

上述特点让直角坐标机器人具备下述优点：

（1）结构简单；

（2）编程容易；

（3）采用直线滚动导轨后，运行速度高，定位精度高；

（4）在X、Y和Z三个坐标轴方向上的运动没有混合作用，对控制系统的设计相对容易。

但是，由于直角坐标机器人必须采用导轨，也会带来一些问题，主要缺点在于：

（1）导轨面的防护比较困难，不能像转动关节的轴承那样密封严实；

（2）导轨的支承结构会增加机器人的重量，并减少机器人的有效工作范围；

（3）为了减少摩擦需要采用很长的直线滚动导轨，价格偏高；

（4）结构尺寸与有效工作范围相比显得过于庞大；

（5）移动部件的惯量比较大，增加了驱动装置的尺寸和机器人系统的能量消耗。

1.2.2 圆柱坐标机器人

圆柱坐标机器人主体结构具有三个自由度：腰转、升降、手臂伸缩。手腕通常采用两个自由度，即绕手臂纵向轴线转动的自由度和绕与其垂直的水平轴线转动的自由度。手腕若采用三个自由度，则可使机器人自由度总数达到六个，但是手腕上的某个自由度将与主体上的回转自由度有部分重复。因此，此类机器人大约占工业机器人总数的47%。

圆柱坐标机器人的优点：

（1）除了简单的“抓—放”作业以外，圆柱坐标机器人还可以用于其他许多生产领域与直角坐标机器人相比，其通用性得到了人们的青睐与好评。

（2）结构简单、布局紧凑。

（3)圆柱坐标机器人在垂直方向和径向有两个往复运动,因此可采用伸缩套筒式结构。机器人开始腰转时可把手臂缩进去，这在很大程度上减小了转动惯量，改善了机器人的动力学性能。

由于机身结构的缘故，圆柱坐标机器人的缺点是其手臂不能抵达底部，减小了机器人的工作范围。

1.2.3 球面坐标机器人

球面坐标机器人（Spherical Coordinate Robot）亦称极坐标机器人，属于最早得到实际运用的工业机器人，现在大约占工业机器人总数的13%。在这类机器人中最出名的是美国Unimation公司出产的Unimate机器人。该机器人的外形像坦克炮塔一样，机械手能够做里外伸缩移动，在垂直平面内摆动以及绕底座垂直轴线在水平面内转动，因此，该机器人的工作空间形成球面的一部分，故称为球面坐标机器人。在Unimate机器人中，绕垂直轴线和水平轴线的转动均采用液压伺服驱动，转角范围分别为200°左右和50°左右，手臂伸缩采用液压驱动的移动关节，其最大行程决定了球面最大半径，该机器人实际工作范围的形状是个不完全的球形。其手腕具有三个自由度，当机器人主体运动时，装在手腕上的末端操作器才能维持应有的姿态。球面坐标机器人的特点是结构紧凑，作业范围宽阔，所占空间体积小于直角坐标机器人和圆柱坐标机器人，但仍大于多关节型机器人。

1.2.4 关节机器人

关节机器人（英文名 Robot Joints）也称关节手臂机器人或关节机械手臂，是当今工业领域中最为常见的机器人之一。它适用于工业领域内的诸多机械化、自动化作业，例如喷漆、焊接、搬运、码放、装配等工作。

关节机器人由多个旋转和摆动机构组合而成，其摆动方向主要有沿铅垂方向和沿水平方向两种，因此这类机器人又可分为垂直关节机器人和水平关节机器人。美国 Unimation 公司于 20 世纪 70 年代末推出的机器人 PUMA-560 是一种著名的垂直关节机器人，而日本山梨大学牧野洋等人在 1978 年研制成功的“选择顺应性装配机器人手臂”（Selective Compliance Assembly Robot Arm，SCARA）则是一种典型的水平关节机器人。

PUMA-560 从外形来看和人的手臂相似，是由一系列刚性连杆通过一系列柔性关节交替连接而成的开式链结构。这些连杆分别类似于人的胸、上臂和下臂，组成类似人体骨架的结构体系，该机器人的关节相当于人的肩关节、肘关节和腕关节。操作臂前端装有末端执行器或相应的工具，常称之为手或手爪。由于该机器人手臂的动作幅度一般较大，通常可实现宏操作。PUMA-560 由机器人本体（手臂）和计算机控制系统两大部分组成。机器人本体（手臂）有 6 个自由度；驱动采用直流伺服电机并配有安全刹闸；手腕最大载荷为 2 kg（包括手腕法兰盘）；最大抓紧力为 60 N；重复精度为 ±0.1 mm；工具在最大载荷下的速度分别如下：自由运动时为 1.0 m/s，直线运动时为 0.5 m/s；工具在最大载荷下的加速度为 19 m/s^2；操作范围是以肩部中心为球心，0.92 m 为半径的空间半球；夹紧系统由压缩空环节与四位电磁阀组成；工具安装表面为腕部法兰盘面，安装尺寸为 41.3 mm，上面均布着 4-MS 的安装孔；整个手臂重 53 kg。PUMA-560 的 6 个关节都是转动关节。前 3 个关节用来确定手腕参考点的位置，后 3 个关节用来确定手腕的方位。因为垂直关节机器人模拟了人类的手臂功能，所以由垂直于地面的腰部旋转轴（相当于大臂旋转的肩部旋转轴）带动小臂旋转的肘部旋转轴以及小臂前端的手腕等构成。手腕通常由 2 ~ 3 个自由度构成。其动作空间近似个球体，所以也称其为多关节球面机器人。其优点是可以自由实现三维空间的各种姿势，可以生成各种复杂形状的轨迹。相对机器人的安装面积，其动作范围很宽。缺点是结构刚度较低，动作的绝对位置精度也较低。目前，该类型机器人广泛用于装配、搬运、喷涂、弧焊、点焊等作业场合。

与 PUMA-5600 所代表的垂直关节机器人不同，SCARA 具有四个轴和四个运动自由度（包括沿 X、Y、Z 轴方向的平移自由度和绕 Z 轴的旋转自由度）。该机器人 3 个旋转关节的轴线相互平行，在平面内进行定位和定向。另一个关节是移动关节，用于完成末端操作器在垂直于平面的运动。因此 SCARA 在 X、Y 方向上具有顺从性，而在 Z 轴方向具有良好的刚度，此特性特别适合于工业领域内的装配工作。例如它可将一根细小的大头针插入一个同样细小的圆孔，故 SCARA 首先大量用于装配印刷电路板和电子零部件；SCARA 的另一个特点是其串接的类似人体手臂的两杆结构，可以伸进狭窄空间中作业然后收回，十分适合于搬动和取放物件，如集成电路板等。如今 SCARA 广泛应用于塑料工业、汽车工业、电子产品工业、药品工业和食品工业等领域，其主要职能是搬取零件和完成装配。因此它的第一个轴和第二个轴具有转动特性，第三和第四个轴则可以根据工作的不同需要制成不同的形态，并且一个具有转动、另一个具有线性移动的特性。由于其特定的结构形状与运动特性，决定了其工作范围类似于一个扇形区域。SCARA 可以被制造成各种大小，常用的工作半径在 100 ~ 1000 m 之间，净载重量在 1 ~ 200 kg 之间。

关节机器人具有结构紧凑、工作空间大、动作最拟人等特点。对喷漆、焊接、装配等多种作业都有良好的适应性，应用范围越来越广，性能水平也越来越高，相对其他类型机器人展现出许多优点，目前关节机器人占工业机器人总数的 25% 左右。

关节机器人主体结构上的腰转关节、肩关节、肘关节全部是转动关节，手腕上的三个关节也都是转动关节，可用来实现俯仰运动、偏转运动和翻转运动，以确定末端操作器的姿态。因此从本质上看，关节机器人是一种拟人化机器人。水平关节机器人主体结构上的三个转动关节其轴线相互平行，可在平面内进行定位和定向，因此可认为是关节机器人的一个特例。

关节机器人的优点：

（1）结构紧凑，工作范围大，占地面积小；

（2）具有很高的可达性。关节机器人的手部可以伸进封闭狭窄的空间内进行作业，而直角坐标机器人不能进行此类作业；

（3）因为只有转动关节而没有移动关节，不需采用导轨，而支承转动关节的轴承是大量生产的标准件，转动平稳，惯量小，可靠性好，且转动关节容易密封；

（4）转动关节所需的驱动力矩小，能量消耗较少：

关节机器人的缺点：

（1）关节机器人的肘关节和肩关节轴线是平行的，当大小臂舒展成一条直线时虽能抵达很远的工作点，但这时机器人整体的结构刚度较低；

（2）机器人手部在工作范围边界上工作时存在运动学上的退化行为。

任务三 工业机器人的机座结构

任务目标

1. 了解机器人的机座结构。

2. 了解机器人机座结构的种类。

任务描述

对于任何一种机器人来说，机座就是其基础部分，起到稳定支撑的作用，并且帮助机器人安全、可靠、平稳、持久地工作。

任务实施

机座可以分为固定式和移动式两种。一般工业机器人中的立柱式、机座式和屈伸式机器人其机座大多是固定式的；但随着海洋科学、原子能工业以及宇宙空间事业的发展，具有智能的、可移动式机器人将会是今后机器人技术的发展方向，所以移动式机座也会有“用武之地”。

1.3.1 固定式机座

在采用固定式机座的机器人中，其机座既可以直接连接在地面基础上，也可以固定在机器人的机身上。因此美国 Unimation 公司生产的 PUMA-262 型垂直关节机器人就是一种采用固定式机座的机器人。

1.3.2 移动式机座

移动式机座就是移动式机器人的行走部分，主要由支撑结构、驱动装置、传动机构、位置检测元件、传感器、电线及管路等部分组成。它一方面支撑移动式机器人的机身、机械臂和手部，因而必须具有足够的刚度和稳定性。另一方面还必须根据作业任务的要求，带动机器人在更广阔的空间内运动，因而必须具有突出的灵活性和适应性。

移动式机座的机构按其运动轨迹可分为固定轨迹式和无固定轨迹式两类。固定轨迹的移动式机座主要用于横梁型工业机器人。因此无固定轨迹的移动式机座按其行走机构的结构特点分为轮式行走部、履带式行走部和关节式行走部。

在采用履带式行走部的移动式机器人中，由于履带呈卷绕状，所以在履带传动机构中不能采用汽车式的转向机构。要改变该机器人的行进方向，或者是对其某一侧的履带驱动系统进行制动，使左右两侧履带的速度不一样；或者是对某一侧的履带进行反向驱动，使履带与路面之间产生横向滑移，这样就能使其转过小弯，甚至实现原地旋转，来增强机器人运动的灵活性。

任务四　工业机器人的手臂结构

任务目标

1. 了解机器人手臂结构的重要性。
2. 掌握机器人手臂结构的种类。
3. 掌握每种机器人手臂结构的特点。

任务描述

手臂是指工业机器人连接机座和手部的部分，其主要作用是改变手部的空间位置，将被抓取的物品运送到机器人控制系统指定的位置上，满足机器人作业的要求，并将各种载荷传递到机座上。

任务实施

手臂是工业机器人执行机构中十分重要的组成部件，一般具有 3 个自由度，即手臂的伸缩、左右回转和升降（或俯仰）运动。因为手臂的回转和升降运动是通过机器人机座上的立柱实现的，所以立柱的横向移动即为手臂的携移。由于手臂的各种运动通常由驱动机构和各种传动机构来实现，因此，它不仅需要承受被抓取工件的重量，而且还要承受末端执行器、手腕和手臂自身的重量。手臂的结构形式、工作范围、抓重大小（即臂力）、灵活性和定位精度都直接影响工业机器人的工作性能，所以必须根据机器人的抓取重量、运动形式，自由度数、运动速度、定位精度等多项要求来设计手臂的结构形式。

PUMA-262 是美国 Unimation 公司制造的一种精密轻型关节通用机器人，具有结构紧凑、运动灵巧、重量轻、体积小、传动精度高、工作范围大、适用范围广等优点。因此在传动上，采用了灵巧方便的齿轮间隙调整机构与弹性万向联轴器使传动精度大为提高，且装配调整又甚为简便。在结构上，则大胆采用了整体铰接结构，减少了连接件，手臂采用自重平衡，为操作安全，在腰关节、大臂、小臂关节处设计了简易的电磁制动闸。该机器人主要性能参数如下：机器人手臂运转自由度为 6 个；采用直流伺服电机驱动；手腕最大载荷为 1 kg；重复精度为 0.05 mm；工具最大线速度为 1.23 m/s；操作范围是以肩部中心为球心、0.47 m 为半径的空间球体；控制采用计算机系统，程序容量为 19 KB，输入 / 输出能力为 32 位；示教采用示教盒或计算机；手臂（本体）总重为 13 kg。

工业机器人按手臂的结构形式分类，可分为单臂、双臂及悬挂式；按手臂的运动形式分类，则可分为直线运动式（如手臂的伸缩、升降及横向或纵向移动）、回转运动式（如手臂的左右回转、上下摆动）、复合运动式（如直线运动和回转运动的组合、两直线运动的组合、两回转运动的组合）。下面分别介绍手臂的运动机构。

1.4.1 直线运动式手臂机构

机器人手臂的伸缩、升降及横向或纵向移动均属于直线运动。而实现工业机器人手臂直线运动的机构形式较多，行程小时，可采用活塞油（气）缸直接驱动；行程较大时，可采用活塞油（气）缸驱动齿条传动的倍增机构，或采用步进电机及伺服电机驱动，也可采用丝杠螺母或滚珠丝杠传动。

为了增加手臂的刚性，防止手臂在直线运动时绕轴线转动或产生变形，因而在臂部伸缩机构需设置导向装置，或设计方形、花键等形式的臂杆。常用的导向装置有单导向杆和双导向杆等，可根据手臂的结构、抓重等因素选取。

1.4.2 旋转运动式手臂机构

能够实现工业机器人手臂旋转运动的机构形式多种多样，常用的有叶片式回转缸、齿轮传动机构、链轮传动机构、连杆机构等。例如，将活塞缸和齿轮齿条机构联用即可实现手臂的旋转运动。在该应用场合中，齿轮齿条机构是通过齿条的往复移动，带动与手臂连接的齿轮做往复旋转，即实现手臂的旋转运动。带动齿条往复移动的活塞缸可以由压力油或压缩气体驱动。

1.4.3 俯仰运动式手臂机构

在工业机器人应用领域，一般通过活塞油（气）缸与连杆机构的联用来实现机器人手臂的俯仰运动。手臂做俯仰运动用的活塞油（气）缸位于手臂的下方，其活塞杆和手臂用铰链连接，缸体采用尾部耳环或中部销轴等方式与立柱连接。此外还可采用无杆活塞油(气)缸驱动齿轮齿条机构或四连杆机构来实现手臂的俯仰运动。

1.4.4 复合运动式手臂机构

工业机器人手臂的复合运动多数用于动作程序固定不变的作业场合，它不仅使机器人的传动结构更为简单，而且还简化机器人的驱动系统和控制系统，并使机器人运动平稳、传动准确、工作可靠，因而在生产中应用较多。除手臂实现复合运动外，手腕与手臂的运动亦能组成复合运动。手臂（或手腕）和手臂的复合运动可以由动力部件（如活塞缸、回转缸、齿条活塞缸等）与常用机构（如凹槽机构、连杆机构、齿轮机构等）按照手臂的运动轨迹（即路线）或手臂和手腕的动作要求进行组合。下面分别介绍复合运动的手臂和手腕与手臂结构：

通常的工业机器人手臂虽然能在作业空间内使手部处于某一位置和姿态，但由于其手臂往往是由 2 ~ 3 个刚性臂和关节组成的，因而避障能力较差，在一些特殊作业场合就需要用到多节弯曲型机器人（亦称柔性臂）。所谓多节弯曲型机器人是由多个摆动关节串联而成，原来意义上的大臂和小臂已演化成一个节，节与节之间可以相对摆动。

任务五　工业机器人的手腕结构

任务目标

1. 了解工业机器人的手腕结构特点。
2. 掌握对手腕结构有着关键作用的是哪几个因素。

任务描述

手腕是连接手臂和手部的结构部件。在工业机器人中其主要作用是改变机器人手部的空间方向和将作业载荷传递到手臂，因此，它有独立的自由度，以满足机器人手部完成复杂姿态的需要。

任务实施

从驱动方式来看，手腕一般有直接驱动和远程驱动两种形式，直接驱动是指驱动器安装在手腕运动关节附近，可直接驱动关节运动，因而传动路线短，传动刚度好，但腕部尺寸和质量较大，转动惯量也较大。远程驱动是指驱动器安装在机器人的大臂、基座或小臂远端上，通过连杆、链条或其他传动机构间接驱动腕部关节运动，因而手腕结构紧凑，尺寸和质量较小，能够改善机器人的整体动态性能，但传动设计复杂，传动刚度也有所降低。

1.5.1 手腕自由度

工业机器人一般必须具有六个自由度才能使手部达到目标位置和处于期望的姿态。为了使手部能处于空间任意方向，要求机器人手腕能实现对空间三个坐标轴 X、Y、Z 的转动即具有翻转、俯仰和偏转三个自由度。

在工业机器人领域，按可转动角度大小的不同，手腕关节的转动又可细分为滚转和弯转，滚转是指能实现 360° 旋转的关节运动，通常用 R 来标记；弯转是指转动角度小于 360° 的关节运动，通常用 B 来标记。

（1）臂转：绕小臂方向的旋转。

（2）手转：使手部绕自身轴线方向的旋转。

（3）腕摆：使手部相对于手臂进行的摆动。

手腕按自由度个数可分为单自由度手腕、二自由度手腕和三自由度手腕。并且三自由度能使手部取得空间任意姿态。目前型三自由度手腕应用较普遍。

1.5.2 典型手腕结构

机器人手腕结构的设计需要满足传动灵活、轻巧紧凑、避免干涉等要求。基于这些考虑，因此多数会将手腕结构的驱动部分安排在小臂上。首先设法使几个电机的运动传递到同轴旋转的心轴和多层套筒上去。待运动传入腕部后再分别实现各个动作。

1.5.3 柔顺手腕结构

在采用机器人进行精密装配作业时，当被装配零件不一致、工件的定位夹具、机器人的定位精度不能满足精密装配要求时，会导致装配困难，这时装置着柔顺手腕结构的机器人就可发挥重要作用。而柔顺手腕结构主要是因机器人柔顺装配技术的需要而诞生的。柔顺装配技术有两种：一种是从检测、控制的角度出发，采取各种不同的搜索方法，实现边校正、边装配。有的机器人手爪上还带有检测元件（如视觉传感器和力觉传感器），这就是所谓主动柔顺装配技术。另一种是从结构的角度出发，在机器人手腕部分配置一个柔顺环节，以满足柔顺装配作业的需要，这就是所谓的被动柔顺装配技术。

主动柔顺手腕须配备一定数量和功能的传感器，价格较贵，但由于反馈控制响应能力的限制，装配速度较慢。但主动柔顺手腕可以在较大范围内进行对中校正，装配间隙可少至几个微米，并可实现无倾角孔的插入，通用性很强。被动柔顺手腕结构比较简单，价格也比较便宜，且装配速度比主动柔顺手腕要快。但它要求装配件须有倾角，允许的校正补偿量受到倾角的限制，轴孔间隙不能太小，否则插入阻力较大。为了扬长避短，近年来综合上述两种柔顺手腕优点的主 / 被动柔顺手腕正在发展和研制过程中。

任务六　工业机器人的手部结构

任务目标

1. 了解工业机器人手部结构。
2. 了解工业机器人手机结构的种类。
3. 掌握工业机器人每种手部结构的特点。

任务描述

手部结构是指工业机器人为了进行相关作业而在手腕上配置的操作机构，有时也称之为手爪部分或末端操作器。如抓取工件的各种抓手、取料器、专用工具的夹持器等，而且还包括部分专用工具（如拧螺钉螺母机、喷枪、切割头、测量头等）。

任务实施

由于工业机器人作业内容的差异性（如搬运、装配、焊接、喷涂等）和作业对象的多样性（如轴类、板类、箱类、包类、瓶类物体等），机器人手部结构的形式多种多样、极其丰富。如从驱动手段来说，就有电机驱动、电磁驱动、气液驱动等。要考虑机器人手部的用途、功能和结构特点，大致可分成卡爪式取料手、吸附式取料手、末端操作器与换接器以及仿生多指灵巧手等几类：

1.6.1 卡爪式取料手

卡爪式取料手由手指（手爪）和驱动机构组成，通过手指的开合动作，实现对物体的夹持。根据夹持对象的具体情况，卡爪式取料手可有两个或多个手指，手指的形状也可以各种各样。取料方式有外卡式、内涨式和挂钩式等。并且驱动方法有气压驱动、液压驱动、电磁驱动和电机驱动，还可利用弹性元件的弹性力来抓取物体而不需驱动元件。因而在工业机器人领域中，以气压驱动方式最为普遍，其主要原因在于气缸结构紧凑、动作简单，传动机构的形式更是丰富多彩，根据手指开合的动作特点，可分为回转型和移动型。其中，回转型又可分为支点回转型和多支点回转型；根据手爪夹紧是摆动的或是平动的，还可分为摆动回转型和平动回转型。

1. 弹性力抓手

弹性力抓手不需专门的驱动装置，其夹持物体的抓力由弹性元件提供。因此抓料时需要一定的压入力，卸料时则需要一定的拉力。

2. 摆动式抓手

摆动式抓手在开合过程中，手爪是绕固定轴摆动的。并且这种抓手结构简单，性能可靠，使用较广，尤其适合圆柱形表面物体的抓取作业。

3. 平动式抓手

平动式抓手在开合过程中，其爪是平动的，因此而得名。这种抓手的运动可以有圆弧式平动和直线式平动之分。平动式抓手适合被夹持面是两个平面的物体。

1.6.2 吸附式取料手

顾名思义，吸附式取料手靠吸附作用取料。根据吸附力的不同，可分为气吸附和磁吸附两种。吸附式取料手主要适合大平面（单面接触无法抓取）、易碎（玻璃、磁盘）、微小（不易抓取）的物体，因而使用范围较为广阔。

1. 气吸附取料手

气吸附取料手是利用吸盘内的压力与吸盘外大气压之间的压力差而工作的。按形成压力差的方法，可分成真空气吸、气流负压气吸、挤压排气负压气吸等几种。因此与卡爪式取料手相比，气吸附取料手具有结构简单、重量轻、吸附力分布均匀等优点。对于薄片状物体（如板材、纸张、玻璃等）的搬取具有更大的优越性，广泛用于非金属材料或不可剩磁材料的吸附作业。但要求所搬取的物体表面平整光滑、无孔无凹槽。

真空吸附取料工作可靠，吸力大，但需要配套真空系统，成本较高。由于气流负压吸附取料手所需压缩空气在一般企业内都比较容易获得，因此成本较低。

2. 磁吸附取料手

磁吸附取料手利用电磁铁通电后产生的电磁吸力进行取料作业，因此它只能对铁磁物体起作用。另外，对某些不允许有剩磁存在的零件也禁止使用。所以，磁吸附取料手有一定的局限性。

1.6.3 末端操作器与换接器

1. 末端操作器

工业机器人是一种通用性很强的自动化设备，可根据作业要求完成各种动作。如能配备各种不同的手部机构即末端操作器以后，就能完成各种操作。例如，在通用型工业机器人上若安装焊枪就能使之成为一台焊接机器人；若安装拧螺母机就能使之成为一台装配机器人。

目前，已经出现机器人专用的各类末端操作器，除了各种手爪、吸附取料器以外，还有许多是由各种专用电动、气动工具改型而成的，其中比较典型的有：拧螺钉螺母机、焊枪、电磨头、电铣头、抛光头、激光切割机等，这样形成了一整套系列供用户选用。

2. 换接器或自动手爪更换装置

对于通用型工业机器人来说，要求其在作业时能够自动更换不同的末端操作器，因而必须为其配备具有快速装卸功能的换接器。因为换接器由换接器插座和换接器插头两部分组成，分别装在机器人腕部和末端操作器上，所以能够实现机器人对末端操作器的快速自动更换。具体实施时，由于各种末端操作器存放在工具架上，组成一个末端操作器库，因此机器人可根据作业要求自行从工具架上换接相应的末端操作器。

工业机器人领域，对末端操作器换接器的主要要求包括：同时具备电源、气源及信号的快速连接与切换；并且能承受末端操作器的工作载荷；在失电、失气或机器人停止工作时不会自行脱离；而且具有一定的换接精度等。

3. 多工位换接装置

某些工业机器人的作业任务相对比较集中，需要换接一定数量的末端操作器，但又不必配备门类较全、数量较多的末端操作器库，这时，可在机器人手腕上设置一个多工位换接装置。例如，在机器人柔性装配线的某个工位上，机器人要依次装配垫圈、螺钉等几种零件，因此，可以采用多工位换接装置就可以从几个供料处依次抓取几种零件，然后逐个进行装配，这样既可以节省几台专用机器人，又可以避免通用机器人因频繁换接操作器而浪费装配作业的时间。

多工位换接装置可以有棱锥型和棱柱型两种形式。棱锥型换接装置可保证手爪轴线与手腕轴线的一致性，受力合理，但传动机构较为复杂；棱柱型换接装置传动机构简单，但手爪轴线与手腕轴线不能保持一致，受力不均。

1.6.4 仿生多指灵巧手

简单的卡爪式取料手难以适应外形复杂物体的抓取作业，不能使物体表面承受均匀的夹持力，因而无法满足对形状复杂、材质不同的物体实施夹持和操作。但是为了改善机器人手爪和手腕的灵活性，提高其操作能力和快速反应能力，使机器人的手爪也能像人手一样进行各种复杂的作业，就必须为其配备一个运动灵活、动作多样的灵巧手。目前，国内外有关灵巧手的研究方兴未艾，各种成果也层出不穷。

1. 柔性手

日本东京大学梅谷教授研制的多关节柔性手，每个手指由多个关节串接而成。而手指传动部分由牵引钢丝绳和摩擦滚轮组成，每个手指由二根钢丝绳牵引，一侧为握紧，一侧为放松。驱动源可采用电机驱动、液压或气动元件驱动。因此可抓取凹凸外形物体并使物体受力较为均匀。

一般而言用柔性材料制作的柔性手，是一种一端固定、一端为自由端的双管合的柔性管状手爪。当其一侧管内充进气体或液体而另一侧管内抽取气体或液体后，两管形成压力差，柔性手爪就向抽空气体或液体的一侧弯曲。这种柔性手爪适合用来抓取轻型的圆形物体，如玻璃器皿等。

2. 多指灵巧手

工业机器人手爪的最完美形式是模仿人手的多指灵巧手。灵巧手的特点是每个手指具有 3 个自由度，而每个手指需用 4 台电机驱动，使各电机根据安装在手腕部分的张力传感器和电机侧面的位置传感器的信号，同时控制钢丝绳的张力和位置。与一个电机控制一个关节的方法相比，虽然它所用电机多了一个，但它却不用担心钢丝绳会产生松弛现象。

项目二　工业机器人机械设计

项目概述

机器人的机械系统结构是指其机体结构和机械传动系统，也是机器人的支撑基础和执行机构。本章以工业机器人为主要对象，来介绍机器人本体主要组成部分的特点和结构形式，包括机器人关节形式、传动机构等，同时对机器人的结构设计过程、零部件加工及机械系统维护等方面进行说明。

机器人本体是机器人的重要部分，所有的计算、分析、控制和编程最终要通过本体的运动和动作完成特定的任务。同时，机器人本体各部分的基本结构、材料的选择将直接影响机器人整体性能。为此，本章将对工业机器人系统性能指标及其检测方法进行介绍。

任务一　工业机器人机械系统

任务目标

1. 了解工业机器人机械构成的相关知识。
2. 掌握工业机器人机械系统的组成部分。
3. 掌握工业机器人的本体设计。

任务描述

工业机器人（通用及专用）一般指用于机械制造业中，可以代替人来完成具有大批量、高质量要求工作的机器人。其应用范围包括汽车制造、摩托车制造、舰船制造、某些家电产品（电视机、电冰箱、洗衣机）、化工等行业自动化生产线中的点焊、弧焊、喷漆、切割、电子装配以及物流系统的搬运、包装和码垛等产业。

任务实施

组成机器人的连杆和关节按功能可以分成两类：一类是组成手臂的长连杆，也称臂杆，它产生主运动，是机器人的位置机构；另一类是组成手腕的短连杆，它实际上是一组位于臂杆端部的关节组，是机器人的姿态机构，是可以用以确定手部执行器在空间的方向。

2.1.1 工业机器人系统构成

1. 执行系统

执行系统是工业机器人完成握持工具（或工件）实现所需各种运动的机构部件，包括以下几个部分：

（1）手部。手部是工业机器人直接与工件或工具接触，用来完成握持工件或工具的部件。由于有些工业机器人直接将工具（如焊枪、喷枪、容器）装在手部位置，因此而不再设置手部。

（2）腕部。腕部是用来连接工业机器人的手部与臂部，确定手部工作位置并扩大臂部动作范围的部件。有些专用机器人没有手腕部件，而是直接将手部安装在手臂部件的端部。

（3）臂部。臂部是工业机器人用来支撑腕部和手部，以实现较大运动范围的部件。它不仅承受被抓取工件的质量，而且承受末端操作器、手腕和手臂自身质量。并且臂部的结构、工作范围、灵活性、臂力和定位精度都直接影响机器人的工作性能。

（4）机身。机身是工业机器人用来支撑手臂部件，并安装驱动装置及其他装置的部件。因此机身结构在满足结构强度的前提下应尽量减小尺寸，降低质量，同时还要考虑外观要求。

（5）行走机构。行走机构是工业机器人用来扩大活动范围的机构，有的采用专门的行走装置，有的采用轨道、滚轮等机构。

2 驱动系统

驱动系统是向执行系统的各个运动部件提供动力的装置。按照采用的动力源不同，驱动系统分为液压式、气压式及电气式。液压驱动的特点是驱动力大，运动平稳，但泄漏是不可忽视的，同时也是难以解决的问题；气压驱动的特点是气源方便，维修简单，易于获得高速，但驱动力小，速度不易控制，噪声大，冲击大；电气驱动的特点是电源方便，信号传递运算容易，并且响应快。

3. 控制系统

控制系统是工业机器人的指挥决策系统，一般由计算机或高性能芯片（如 DSP、FPGA、ARM 等）完成。它主要控制驱动系统，让执行机构按照规定的要求进行工作。按照运动轨迹可以分为点位控制和轨迹控制。

4. 传感系统

为了使工业机器人正常工作，必须与周围环境保持密切联系，除了关节伺服驱动系统的位置传感器（称作内部传感器）外，还要配备视觉、力觉、触觉、接近觉等多种类型的传感器（称作外部传感器）以及传感信号的采集处理系统。

5 输入 / 输出系统接口

为了与周边系统及相应操作进行联系与应答，还应有各种通信接口和人机通信装置。工业机器人提供一内部 PLC，并且它可以与外部设备相连，完成与外部设备间的逻辑与实时控制。一般还有一个以上的串行通信、USB 接口和网络接口等，以完成数据存储、远程控制及离线编程、多机器人协调等工作。

2.1.2 机器人本体设计

本小节以当前主流大负载串联关节型机器人为例，来说明机器人本体的基本结构。机器人本体主要包括传动部件、机身与机座机构、臂部、腕部及手部。关节型机器人的主要特点是模仿人类腰部到手臂的基本结构，因此本体结构通常包括机器人的机座（即底部和腰部的固定支撑）结构及腰部关节转动装置、大臂（即大臂支撑架）结构及大臂关节转动装置、小臂（即小臂支撑架）结构及小臂关节转动装置、手腕（即手腕支撑架）结构及手腕关节转动装置和末端执行器（即手爪部分）。串联结构具有结构紧凑、工作空间大的特点，是机器人机构采用最多的一种结构，可以实现其工作空间的任意位置和姿态。

进行机器人本体的运动学、动力学和其他相关分析时，一般将机器人简化成由连杆、关节和末端执行器首尾相接，通过关节相连而构成的一个开式连杆系。在连杆系的开端安装有末端执行器（简称手部）。

1. 机器人的机座

J1 轴利用电机的旋转输入通过一级齿轮传动到 RV 减速器，减速器输出部分驱动腰座的转动，如图 2-1 所示。减速器采用 RV 减速器，具有回转精度高、刚度大及结构紧凑的特点，腰座转动范围为 -180° ~ 180° 。腰座（J2 轴基座）底座和回转座材料为球墨铸铁，采用铸造技术，有利于批量生产。

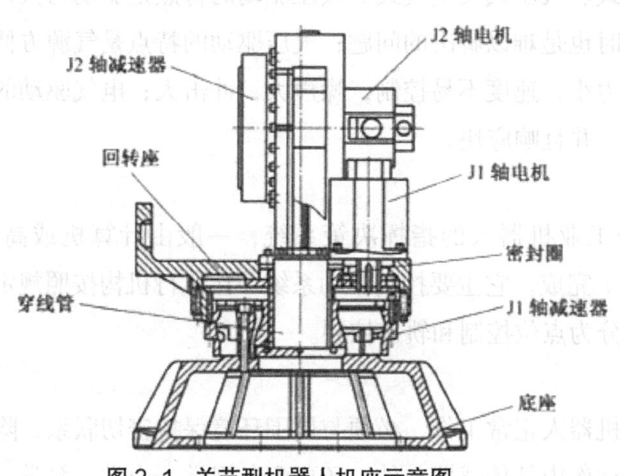

图 2-1　关节型机器人机座示意图

2. 机器人的 2，3 轴

J2 轴利用电机的旋转直接输入到减速器，减速器输出部分驱动 J2 轴臂的转动。机器人大臂要承担机器人本体的小臂、腕部和末端负载，所受力及力矩最大，要求其具有较高的结构强度。J2 轴臂（大臂）材料为球墨铸铁，采用筋板式结构，由于其结构复杂，焊接不能保证其精度和强度（见图 2-2）。为满足日后批量生产的要求，因此采用铸造方式，然后对各基准面进行精密加工。

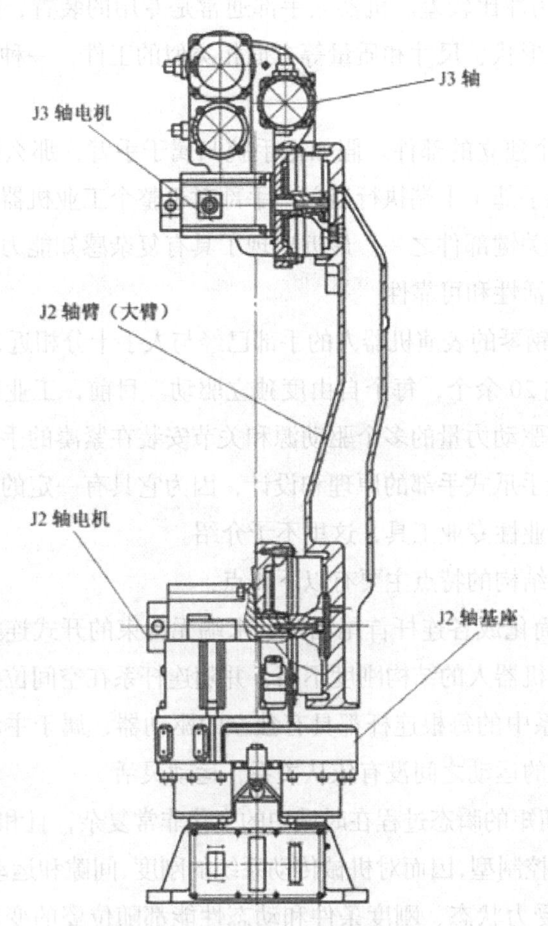

图 2-2　机器人的 2，3 轴示意图

3. 机器人的 4，5，6 轴

机器人 J4 轴利用电机的旋转通过齿轮、驱动轴输入到减速器，减速器输出部分驱动 J4 轴。J4 轴驱动轴材料为 40Cr，齿轮材料为 20CrMnTi，小臂材料为 ZG310-570，采用铸造方式制作。

机器人 J5 轴利用电机的旋转通过齿轮、驱动轴输入到减速器，减速器输出部分驱动 J5 轴。

机器人 J6 轴利用电机的旋转通过齿轮、驱动轴输入到减速器，减速器输出部分驱动 J6 轴。

4. 机器人末端工具及手爪

（1）手部与手腕相连处可拆卸。手部与手腕有机械接口，也可能有电、气、液接头，当工业机器人作业对象不同时，可以方便地拆卸和更换手部。

（2）手部是机器人末端执行器。机器人执行器可以像人手那样有手指，也可以不具备手指，可以是类人的手爪，也可以是进行专业作业的工具，如装在机器人手腕上的喷漆枪、焊接工具等。

（3）手部的通用性比较差。机器人手部通常是专用的装置，例如，一种手爪往往只能抓握一种或几种在形状、尺寸和质量等方面相类似的工件，一种工具只能执行一种作业任务。

（4）手部是一个独立的部件。假如把手腕归属于手臂，那么机器人机械系统的三大件就是机身、手臂和手部（末端执行器）。手部对于整个工业机器人来说是完成作业好坏以及作业柔性好坏的关键部件之一。最近出现了具有复杂感知能力的智能化手爪，增加了工业机器人作业的灵活性和可靠性。

目前，有一种弹钢琴的表演机器人的手部已经与人手十分相近，具有多个多关节手指，一个手的自由度达到 20 余个，每个自由度独立驱动。目前，工业机器人手部的自由度还比较少，把具备足够驱动力量的多个驱动源和关节安装在紧凑的手部内部是十分困难的。这里主要介绍和讨论手爪式手部的原理和设计，因为它具有一定的通用性。喷漆枪、焊具之类的专用工具是行业性专业工具，这里不予介绍。

机器人本体基本结构的特点主要有以下 4 点：

（1）一般可以简化成各连杆首尾相接、末端无约束的开式连杆系，连杆系末端自由且无支撑，这决定了机器人的结构刚度不高，并随连杆系在空间位姿的变化而变化。

（2）开式连杆系中的每根连杆都具有独立的驱动器，属于主动连杆系，连杆的运动各自独立，不同连杆的运动之间没有依从关系，运动灵活。

（3）连杆驱动扭矩的瞬态过程在时域中的变化非常复杂，且和执行器反馈信号有关。连杆的驱动属于伺服控制型，因而对机械传动系统的刚度、间隙和运动精度都有较高的要求。

（4）连杆系的受力状态、刚度条件和动态性能都随位姿的变化而变化，因此，极易发生振动或出现其他不稳定现象。

综合以上特点可见，合理的机器人本体结构应当使其机械系统的工作负载与自重的比值尽可能大，结构的静、动态刚度尽可能高，并尽量提高系统的固有频率，改善系统的动态性能。

臂杆质量小，有利于改善机器人操作的动态性能。结构静、动态刚度高，有利于提高手臂端点的定位精度和对编程轨迹的跟踪精度，这在离线编程时是至关重要的。刚度高还可降低对控制系统的要求和系统造价。机器人具有较好的刚度还可以增加机械系统设计的灵活性，比如在选择传感器安装位置时，刚度高的结构允许传感器放在离执行器较远的位置上，减少了设计方面的限制。

任务二　机器人关节自由度

任务目标

1. 了解工业机器人关节自由度相关知识。
2. 掌握工业机器人关节自由的构成与重要作用。
3. 掌握工业机器人关节自由度的形式。

任务描述

工业机器人的关节自由度对于工业机器人在工作时的灵活度有着很重要的作用，影响着工业机器人工作的精准度。

任务实施

2.2.1 自由度

手臂由杆件和连接它们的关节构成。在日本工业标准（Japanese Industrial Standards，JIS）中，将杆件的连接部分称为 Joint，将平移移动的 Joint 称为移动关节，将旋转的 Joint 称为旋转关节。一个关节可以有一个或多个自由度（Degree of Freedom，DF）。通用机器人具有 6 个自由度，可以实现空间任意位置和姿态。

所谓自由度，是表示机器人运动灵活性的尺度，意味着独立的单独运动的数量。由驱动器产生主动动作的自由度称为主动自由度，无法产生驱动力的自由度称为被动自由度。分别将主动自由度和被动自由度所对应的关节称为主动关节和被动关节。

在三维空间中的无约束物体可以做平行于 X 轴、Y 轴、Z 轴的平移运动（Translation），还有围绕各轴的旋转运动（Rotation），因此它具有与位置有关的 3 个自由度和与姿态有关的 3 个自由度，共计 6 个自由度。为了能任意操纵物体的位置和姿态，机器人手臂至少必须有 6 个自由度。人的手臂有 7 个自由度，其中肩关节有 3 个，肘关节有 2 个，手关节有 2 个。从功能来看，也可以认为肩关节有 3 个，肘关节有 1 个，手关节有 3 个，它比 6 个自由度还多，把这种比 6 个自由度还多的自由度称为冗余自由度（RedundantDegreeofFreedom），把这种自由度的构成称为具有“冗余位”（Redundancy）。

决定机器人自由度构成的依据是它为完成给定目标作业所必须做的动作。例如，若仅限于二维平面内的作业，有 3 个自由度就够了。如果在一类障碍物较多的典型环境中，如用机器人来实施维修作业，那么也许将需要 7 个或 7 个以上的自由度。

2.2.2 关节及其自由度的构成

关节及其自由度的构成方法将极大地影响机器人的运动范围和可操作性等性能指标。例如，机器人如果是球形关节构造，它是具有向任意方向动作的3个自由度机构，因此能任意地决定适应作业的姿态。然而，由于驱动器的可动范围受限制，它很难完全实现与人的手腕等同的功能，所以机器人通常是串联杆件型的。

如果采用串联连接的方法，即使是相同的3个自由度，由于自由度的组合方法有多种，致使各自的功能也各不相同。例如，3个自由度手腕机构的具体构成方法就有多种。在考虑到X轴、Y轴、Z轴分别有移动和旋转（转动）自由度的条件下，假设相邻杆件之间无偏距，而且相邻关节的轴之间又相互垂直或平行，这样就得出共计有63种构型。另外，如果再叠加各具1个旋转自由度的3个关节构成6个自由度的手臂，则它共有909种关节构成形式。因此，有必要根据目标作业的要求等若干准则来决定有效的关节构成形式。

2.2.3 机器人关节形式

传动机构用来把驱动器的运动传递到关节和动作部位，这涉及关节形式的确定、传动方式以及传动部件的定位和消除间隙等多个方面的内容。

机器人中连接运动部分的机构称为关节。关节有转动型和移动型，分别称为转动关节和移动关节。

1. 转动关节

转动关节就是在机器人中被简称为关节的连接部分，它既连接各机构，又传递各机构间的回转运动（或摆动），用于基座与臂部、臂部之间、臂部和手部等连接部位。关节由回转轴、轴承、固定座和驱动机构组成。关节一般有以下几种形式：

（1）驱动机构和回转轴同轴式。这种形式直接驱动回转轴，有较高的定位精度。但是，为减轻质量，要选择小型减速器并增加臂部的刚性。它适用于水平多关节型机器人。

（2）驱动机构与回转轴正交式。质量大的减速机构安放在基座上，通过臂部的齿轮、链条传递运动。这种形式适用于要求臂部结构紧凑的场合。

（3）外部驱动机构驱动臂部的形式。这种形式适合于传递大扭矩的回转运动，采用的传动机构有滚珠丝杠、液压缸和气缸。

（4）驱动电动机安装在关节内部的形式。这种方式称为直接驱动方式。

2. 移动关节

机器人移动关节由直线运动机构和在整个运动范围内起直线导向作用的直线导轨部分组成。导轨部分分为滑动导轨、滚动导轨、静压导轨和磁性悬浮导轨等形式。

一般来说，要求机器人导轨间隙小或能消除间隙。在垂直于运动方向上要求刚度高，摩擦系数小且不随速度变化，并且有高阻尼、小尺寸和小惯量等特点。通常，由于机器人在速度和精度方面要求很高，故一般采用结构紧凑且价格低廉的滚动导轨。

直线导轨又称线轨、滑轨、线性导轨、线性滑轨，用于直线往复运动场合，拥有比直线轴承更高的额定负载，同时可以承担一定的扭矩，可在高负载的情况下实现高精度的直线运动。

直线运动导轨的作用是支撑和引导运动部件，按给定的方向做往复直线运动。按摩擦性质而定，直线运动导轨可以分为滑动摩擦导轨、滚动摩擦导轨、弹性摩擦导轨和流体摩擦导轨等种类。

直线导轨的移动元件和固定元件之间不用中间介质，而用滚动钢球。这是因为滚动钢球具有可以进行高速运动、摩擦因数小、灵敏度高的优点，而且可以满足运动部件的工作要求，如机床的刀架、拖板等。直线导轨系统固定元件（导轨）的基本功能如同轴承环，安装钢球的支架形状为“V”字形。支架包裹着导轨的顶部和两个侧面。为了支撑机床的工作部件，一套直线导轨至少有 4 个支架。如果用于支撑大型的工作部件，支架的数量可以多于 4 个。

当机器人的工作部件移动时，钢球就在支架沟槽中循环流动，把支架的磨损量分摊到各个钢球上，从而延长直线导轨的使用寿命。为了消除支架与导轨之间的间隙，预加负载能提高导轨系统的稳定性，预加负荷的获得是在导轨和支架之间安装超尺寸的钢球。钢球直径公差为 ±20 μm，以 0.5 μm 为增量，将钢球筛选分类，分别装到导轨上，预加负载的大小取决于作用在钢球上的作用力。如果作用在钢球上的作用力太大，钢球经受预加负荷时间过长，则导致支架运动阻力增大，这里就有一个平衡作用问题。为了提高系统的灵敏度，减少运动阻力，相应地要减少预加负荷，而为了提高运动精度和精度的保持性，要求有足够的预加负数，这是矛盾的两方面。

工作时间过长，钢球开始磨损，作用在钢球上的预加负载开始减弱，导致机床工作部件运动精度降低。如果要保持初始精度，则必须更换导轨支架，甚至更换导轨。如果导轨系统已有预加负载作用，系统精度已丧失，唯一的方法就是更换滚动元件。

导轨系统的设计，力求固定元件和移动元件之间有最大的接触面积，这不但能提高系统的承载能力，而且系统能承受间歇切削或重力切削产生的冲击力，把作用力广泛扩散，扩大承受力的面积。为了实现这一点，导轨系统的沟槽形状有多种多样，具有代表性的有两种，一种称为哥特式（尖拱式），形状是半圆的延伸，接触点为顶点；另一种为圆弧形，同样能起到相同的作用。无论哪一种结构形式，目的只有一个，就是力求更多的滚动钢球半径与导轨接触（固定元件）。决定系统性能特点的因素是滚动元件怎样与导轨接触，这是问题的关键。

直线导轨副必需根据使用条件、负载能力和预期寿命选用。但由于直线导轨的寿命分散性较大，通常为了便于选用直线导轨副，必须先清楚以下几个重要概念。

（1）相同的条件及额定负荷下的额定寿命。所谓额定寿命是指一批相同的产品，有 90% 未曾发生外表剥离现象而达到运行距离。直线导轨副使用钢珠作为滚动体的额定寿命，基本动额定负荷下为 50 km。

（2）在负荷方向和大小均等的状态下，基本动额定负荷是指一批相同规格的直线导轨副，经过运行 50 km 后，90% 直线导轨的滚道外表不发生疲劳损坏（剥离或点蚀）时的最高负荷。基本静额定负荷是指在负荷方向和大小均等的状态下，受到最大应力的接触面处，钢珠与滚道表面的总永久变形量恰为钢珠直径万分之一时的静负荷。

（3）直线导轨副的精度等级划分越来越细。一般直线导轨副的精度分为普通级、高级、精密级、超精密级和超高精密级 5 种。

（4）利用钢珠与珠道之间负向间隙给予预压力。所谓预压力是预先给予钢珠负荷力，这样能够提高直线导轨的刚性和消除间隙。依照预压力的大小可以分为不同的预压等级。

（5）必须根据使用条件、负载能力和预期寿命选用直线导轨副。所谓使用条件主要是指应用何种设备、精度要求、刚性要求、负荷方式、行程、运行速度、使用频率、使用环境等因素。

直线导轨在应用中有 6 大考核要素：

①导向精度。导向精度是指运动构件沿导轨导面运动时其运动轨迹的准确水平。影响导向精度的主要因素有导轨承导面的几何精度、导轨的结构类型、导轨副的接触精度、外表粗糙度、导轨和支撑件的刚度、导轨副的油膜厚度及油膜刚度。直线运动导轨的几何精度一般包括：垂直平面和水平平面内的直线度；两条导轨面间的平行度。导轨几何精度可以用导轨全长上的误差或单位长度上的误差表示。

②精度坚持性。精度坚持性是指导轨在工作过程中保持原有几何精度的能力。导轨的精度坚持性主要取决于导轨的耐磨性及其尺寸的稳定性。耐磨性与导轨副的材料匹配、受力、加工精度、润滑方式和防护装置性能等因素有关。导轨及其支撑件内的剩余应力也会影响导轨的精度坚持性。

③运动灵敏度和定位精度。运动灵敏度是指运动构件能实现的最小行程；定位精度是指运动构件能按要求停止在指定位置的能力。运动灵敏度和定位精度与导轨类型、摩擦特性、运动速度、传动刚度、运动构件质量等因素有关。

④运动平稳性。导轨运动平稳性是指导轨在低速运动或微量移动时确保其不出现爬行现象的性能。平稳性与导轨的结构、导轨副材料的匹配、润滑状况、润滑剂性质及导轨运动的传动系统的刚度等因素有关。

⑤稳定性与抗振性。稳定性是指在给定的运转条件下不出现自激振动的性能。抗振性是指导轨副接受受迫振动和冲击的能力。

⑥刚度。刚度是指导轨受力时抵抗弹性变形的能力，这对于机器人尤为重要。导轨变形包括导轨本体变形和导轨副接触变形。导轨抵抗受力变形的能力将影响构件之间的相对位置和导向精度，这两者均应考虑。

任务三 工业机器人制作材料

任务目标

1. 了解关于工业机器人制作材料的相关知识。

2. 掌握工业机器人制作材料的基本要求。

任务描述

选择机器人本体材料应从机器人的性能要求出发，满足机器人的设计和制作要求。一方面，机器人本体用来支撑、连接和固定机器人的各部分，当然也包括机器人的运动部分，这一点与一般机械结构的特性相同。

任务实施

机器人本体所用的材料也是结构材料。另一方面，机器人本体不仅仅是固定结构件。比如机器人需要满足，机器人手臂是运动的，机器人整体也是运动的，所以这就要求机器人运动部分的材料的质量应轻。

精密机器人对于机器人的刚度有一定的要求，即对材料的刚度有要求。刚度设计时要考虑静刚度和动刚度，即要考虑振动问题。从材料角度看，控制振动涉及减轻质量和抑制振动两方面，其本质就是材料内部的能量损耗和刚度问题，它与材料的抗振性紧密相关。另外，家用和服务机器人的外观与传统机械大有不同，故将会出现比传统工业材料更富有美感的机器人本体材料。从这一点看，机器人材料又应具备柔软和外表美观等特点。总之，正确选用结构件材料不仅可降低机器人的成本价格，更重要的是可适应机器人的高速化、高载荷化及高精度化，满足其静力学及动力学特性要求。随着材料工业的发展，新材料的出现为机器人的发展提供了广阔的空间。

与一般机械设备相比，机器人结构的动力学特性十分重要，这是材料选择的出发点。材料选择的基本要求如下：

（1）强度高。机器人臂是直接受力的构件，高强度材料不仅能满足机器人臂的强度条件，而且可望减少臂杆的截面尺寸，减轻质量。

（2）弹性模量大。由材料力学的知识可知，构件刚度（或变形量）与材料的弹性模量 EG 有关。弹性模量越大，变形量越小，刚度越大。不同材料弹性模量的差异比较大，而同一种材料成分的改变对弹性模量却没有太多改变。比如，普通结构钢的强度极限为 420 MPa，高合金结构钢的强度极限为 2000 ~ 2300 MPa，但是二者的弹性模量 E 却没有多大变化，均为 2.1×10^5 MPa。因此，还应寻找其他提高构件刚度的途径。

（3）质量轻。机器人手臂构件中产生的变形在很大程度上是由惯性引起的，与构件的质量有关。也就是说，为了提高构件刚度而选用弹性模量 E 大、密度 p 也大的材料是不合理的。因此提出了选用高弹性模量、低密度材料的要求。

（4）阻尼大。选择机器人的材料时不仅要求刚度大、质量轻，而且希望材料的阻尼尽可能大。机器人臂经过运动后，要求能平稳地停下来。可是在终止运动的瞬时，构件会产生惯性力和惯性力矩，构件自身又具有弹性，因而会产生残余振动。从提高定位精度和传动平稳性来考虑，希望能采用大阻尼材料或采取增加构件阻尼的措施来吸收能量。

（5）材料经济性好。材料价格是机器人成本价格的重要组成部分。有些新材料如硼纤维增强铝合金、石墨纤维增强镁合金等用来作为机器人臂的材料是很理想的，但价格昂贵。

任务四　机器人的传动机构

任务目标

1. 了解工业机器人的传动机构种类。
2. 掌握每种工业机器人传动机构的优缺点。

任务描述

机器人在运动时，各个部位都需要动力，因此设计和选择良好的传动部件是非常重要的。本节主要介绍关节常用的传动机构以及传动部件的定位和消隙问题。

任务实施

机器人可分为固定式和行走式两种，一般的工业机器人多为固定式。但是，随着海洋科学、原子能科学及宇宙空间事业的发展可以预见，具有智能的可移动机器人是今后机器人的发展方向。比如，美国研制的“探索者”轮式机器人已成功应用于火星探测。

2.4.1 机器人齿轮传动机构

传动机构的功能是把驱动器的运动传递到关节和动作部位。机器人常用的传动机构有齿轮传动、螺旋传动、带传动及链传动、流体传动和连杆机构与凸轮传动等。其中，机器人常用的齿轮传动机构是行星齿轮传动机构和谐波传动机构等。

电动机是高转速、小力矩的驱动机构，而机器人通常却要求低转速、大力矩，因此常用行星齿轮传动机构和谐波传动机构减速器来完成速度和力矩的变换与调节。输出力矩有限的原动机要在短时间内加速负载，要求其齿轮传动机构的速比 i，为最优的计算式为

$$i_n = \sqrt{\frac{I_n}{I_m}}$$

式中，I_n 为工作臂的惯性矩；I_m 为电动机的惯性矩。

1. 行星齿轮传动机构

行星齿轮传动尺寸小，惯量低，一级传动比大，结构紧凑，载荷分布在若干个行星齿轮上，内齿轮也具有较高的承载能力。

2.RV（Rotate Vector）减速器

RV传动是在摆线针轮传动的基础上发展起来的一种新型传动，它具有体积小、质量轻、传动比范围大、传动效率高等优点，比单纯的摆线针轮行星传动具有更小的体积和更大的过载能力，且输出轴刚度大，因而在国内外受到广泛重视。在日本机器人的传动机构中，RV传动已在很大程度上逐渐取代单纯的摆线针轮行星传动和谐波传动。

与现有的普通行星传动形式相比，该减速器采用共用曲柄轴和中心圆盘支撑的结构形式组成封闭式行星传动，这样不仅克服了原有摆线针轮传动的一些缺点，而且较谐波减速器又具有高得多的疲劳强度、刚度和寿命，加之回差和传动精度稳定，不会随着使用时间的增长而显著降低，并具有传动比大、刚度大、运动精度高、传动效率高、回差小、承载平稳等优点，因而特别适用于工业机器人及其他精密伺服传动系统。

（1）RV减速器传动原理及机构特点。

RV减速器传动由渐开线圆柱齿轮行星减速机构和摆线针行星减速机构两部分组成。渐开线行星齿轮与曲柄轴连成一体，作为摆线轮传动部分的输入。如果渐开线中心齿轮顺时针方向旋转，那么渐开线行星齿轮在公转的同时还进行逆时针方向自转，并通过曲柄轴带动摆线轮做偏心运动。此时，摆线轮在其轴线公转的同时，还将进行顺时针转动。同时还通过曲柄轴推动钢架结构的输出机构顺时针方向转动。

（2）RV减速器传动特点。

RV减速器的主要性能参数包括扭转刚度、空程误差、角传动精度及机械传动效率。RV减速器传动作为一种新型传动，从结构上看，其基本特点如下：

①如果传动机构置于行星架的支撑主轴承内，则这种传动的轴向尺寸可大大缩小。

②采用二级减速机构，处于低速级的摆线针轮行星传动更加平稳，同时由于转臂轴承个数增多且内外环相对转速下降，其寿命也可大大提高。

③只要设计合理，就可以获得很高的运动精度和很小的回差。

④ RV减速器传动的输出机构是采用两端支撑的尽可能大的刚性圆盘输出结构，比一般摆线减速器的输出机构具有更大的刚度，且抗冲击性能也有很大提高。

⑤传动比范围大。即使摆线齿数不变，只改变渐开线齿数就可以得到较高的速度比。其传动比 i=31~171。

⑥传动效率高，其传动效率 η=0.85 ~ 0.92。

目前，国外对RV减速器已有较为系统的研究，并形成了相当规模的减速器产业。例如，日本帝人公司的RV减速机已经成为定型产品，并根据市场需求不断更新换代。我国关于该类减速器的研究工作起步于20世纪80年代末，但是由于尚未掌握其设计及加工的核心关键技术，至今仍处于单件样机研制阶段。

围绕工业机器人对高精度、高效率减速器的发展需求，系统开展RV系列减速器关键技术的研究，攻克该减速器在数字化设计、制造工艺、精度与效率保持等方面的关键技术问题，对推动我国工业机器人产业的发展有着重要的工程意义。

3. 谐波传动机构

谐波传动是随着20世纪50年代末航天技术的发展，由美国学者C.Walton Musser发明。谐波传动是利用弹性元件可控的变形来传递运动和动力。谐波传动技术的出现被认为是机械传动中的重大突破，并推动了机械传动技术的重大创新。

谐波传动在运动学上是一种具有柔性齿圈的行星传动，但是，它在机器人上获得比行星齿轮传动更加广泛的应用。谐波发生器是在椭圆形凸轮的外周嵌入薄壁轴承而制成的部件，轴承内圈固定在凸轮上，外圈依靠钢球发生弹性变形，一般与输入轴相连。

柔轮是杯状薄壁金属弹性体，杯口外圆切有齿，底部称为柔轮底，用来与输出轴相连刚轮内圆有很多齿，齿数比柔轮多两个，一般固定在壳体上。

谐波发生器通常由凸轮或偏心安装的轴承构成。刚轮为刚性齿轮，柔轮为能产生弹性变形的齿轮。当谐波发生器连续旋转时，产生的机械力使柔轮变形，变形曲线为一条基本对称的谐波曲线。发生器波数表示谐波发生器转一周时，柔轮某一点变形的循环次数。其工作原理是：当谐波发生器在柔轮内旋转时，迫使柔轮发生变形，同时进入或退出刚轮的齿间。在谐波发生器的短轴方向，刚轮与柔轮的齿间处于嘴入或嘴出的过程，伴随着发生器的连续转动，齿间的齿合状态依次发生变化，即产生“齿人→齿合→齿出→脱开→咽人”的变化过程。这种错齿运动把输入运动变为输出的减速运动。

图2-3是谐波传动的结构简图。由于谐波发生器4的转动使柔轮6上的柔轮齿圈7与刚轮1（圆形花键轮）上的刚轮内齿圈2相齿合。输入轴为3，如果刚轮1固定，则轴5为输出轴；如果轴5固定，则刚轮1的轴为输出轴。

谐波传动速比的计算与行星齿轮传动相同。如果刚轮（圆形花键轮）1不转动（w_1=0），谐波发生器（w_3）为输入，柔轮轴（w_5）为输出，速比为

$$i_{35}=\frac{w_3}{w_5}=-\frac{Z_7}{Z_2-Z_7}$$

式中，负号表示柔轮向谐波发生器旋转方向的反向旋转。w代表输入、输出轴的角速度；Z_2为刚轮（圆形花键轮）内齿圈2的齿数；Z_7为柔轮齿圈7的齿数。

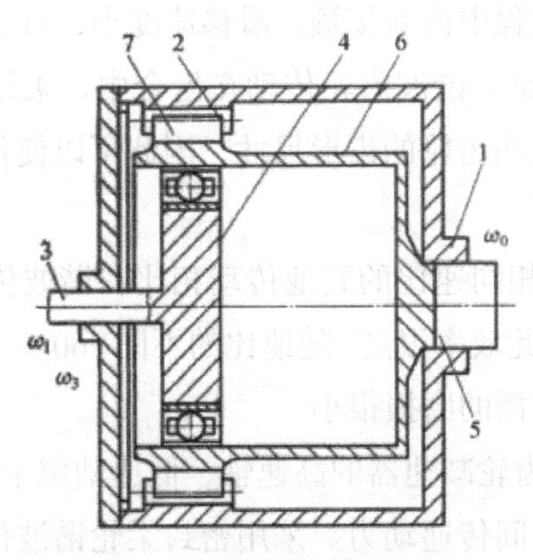

图 2-3　谐波传动结构简图

1—钢轮；2—钢轮内齿圈；3—输入轴；4—谐波发生器；5—轴；6—柔轮；7—柔轮齿圈

如果输出轴 6 静止不转动（w_5=0），谐波发生器（w_3）为输入，则中心齿轮 1 的轴（w_1）为输出，速比为

$$i_{31} = \frac{w_3}{w_1} = \frac{Z_2}{Z_2 - Z_7}$$

式中，正号表示刚轮与发生器同方向旋转。谐波传动的速比 i_{min}=60，i_{max}=300，传动效率高达 80% ~ 90%，如果在柔轮和刚轮之间能够进行多齿啮合，例如任何时刻有 10% ~ 30% 的齿同时啮合，那么可以大大提高谐波传动的承载能力。

谐波传动具有以下优点：

（1）结构简单，体积小，质量轻。谐波齿轮传动的主要构件只有 3 个，即谐波发生器柔轮及刚轮。它同传动比相当的普通减速器比较，其零件减少 50%，体积和质量均减少 1/3 左右或更多。

（2）传动比范围大。单级谐波减速器传动比为 50 ~ 300，优选为 75 ~ 250；双级谐波减速器传动比为 3000 ~ 60000；复级谐波减速器传动比为 200 ~ 140000。

（3）同时啮合的齿数多。双级谐波减速器同时啮合的齿数可达 30%，甚至更多。而在普通齿轮传动中，同时啮合的齿数只有 2% ~ 7%，对于直齿圆柱渐开线齿轮同时啮合的齿数只有 1 ~ 2 对。正是由于同时啮合齿数多这一独特的优点，使谐波传动的精度高，齿的承载能力大，进而可实现“大速比、小体积”。

（4）承载能力大。谐波齿轮传动同时啮合齿数多，即承受载荷的齿数多，在材料和速比相同的情况下，受载能力要大大超过其他传动。其传递的功率范围可为几瓦至几十千瓦。

（5）运动精度高。由于多齿啮合，在一般情况下，谐波齿轮与相同精度的普通齿轮相比，其运动精度能提高 4 倍左右。

（6）运动平稳，无冲击，噪声小。齿的齿入、啮出是随着柔轮的变形，逐渐进入和逐渐退出刚轮齿间，齿合过程中齿面接触，滑移速度小，且无突变。

（7）齿侧间隙可以调整。谐波齿轮传动在齿合中，柔轮和刚轮齿之间主要取决于谐波发生器外形的最大尺寸及两齿轮的齿形尺寸，因此可以使传动的回差减小，某些情况甚至可以是零侧间隙。

（8）传动效率高。与相同速比的其他传动相比，谐波传动由于运动部件数量少，而且齿合齿面的速度很低，因此效率很高。随速比的不同（60 ~ 250），效率为65% ~ 96%（谐波复波传动效率较低），齿面的磨损很小。

（9）同轴性好。谐波齿轮减速器的高速轴、低速轴位于同一轴线上。

（10）可实现向密闭空间传递动力。采用密封柔轮谐波传动减速装置，可以驱动工作在高真空、有腐蚀性及其他有害介质空间的机构，谐波传动这一独特优点是其他传动机构难以实现的。

（11）可方便地实现差速传动。由于谐波齿轮传动的3个基本构件中，可以任意两个主动，第三个从动，那么如果让谐波发生器和刚轮主动，柔轮从动，就可以构成一个差动传动机构，从而方便地实现快慢速工作状况。

谐波传动的主要缺点：

（1）柔轮易于疲劳破坏。

（2）扭转刚度低，过大的扭矩会引起柔轮的变形。

（3）以2，4，6倍输入轴速度的齿合频率会产生振动。

总之，谐波传动与行星齿轮传动相比具有较小的传动间隙和较轻的质量，但是刚度比行星减速器差。

谐波传动装置在机器人技术比较先进的国家已得到了广泛的应用，仅就日本来说，机器人驱动装置的60%都采用了谐波传动。美国送到月球上的机器人，其各个关节部位都采用谐波传动装置，其中一只上臂就用了30个谐波传动机构。苏联送上月球的移动式机器人“登月者”，其成对安装的8个轮子均是用密闭谐波传动机构单独驱动的。

2.4.2 机器人丝杠传动机构

丝杠传动有滑动式、滚珠式和静压式等。机器人传动用的丝杠具有结构紧凑、间隙小和传动效率高等特点。

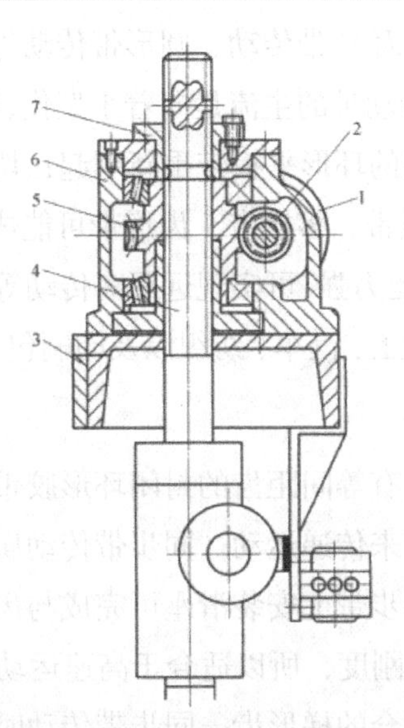

图 2-4　丝杠螺母传动的手臂升降机构

1—电动机；2—蜗杆；3—臂架；4—丝杠；5—蜗轮；6—箱体；7—花键套

滑动式丝杠螺母机构是连续的面接触，传动中不会产生冲击，传动平稳，无噪声，并且能自锁。因丝杠的螺旋升角较小，所以用较小的驱动力矩可获得较大的牵引力。但是丝杠螺母螺旋面之间的摩擦为滑动摩擦，故传动效率低。滚珠丝杠传动效率高，而且传动精度和定位精度均很高，传动时灵敏度和平稳性也很好。由于磨损小，滚珠丝杆的使用寿命比较长，但成本较高。导向槽连接螺母的第一圈和最后一圈，使其形成的滚动体可以作为连续循环的导槽。滚珠丝杠在工业机器人上的应用比滚柱丝杠多，因为后者结构尺寸大（径向和轴向），传动效率低。

图 2-4 为采用丝杠螺母传动的手臂升降机构。由电动机 1 带动蜗杆 2 使蜗轮 5 回转，依靠蜗轮内孔的螺纹带动丝杠 4 做升降运动。为了防止丝杠的转动，在丝杠上端铣有花键，花键与固定在箱体 6 上的花键套 7 组成导向装置。

2.4.3 机器人带传动与链传动机构

带传动（Belt Drive）和链传动用于传递平行轴之间的回转运动，或把回转运动转换成直线运动。特别是当机械上的主动轴和从动轴相距较远时，常常采用带传动或链传动。机器人中的带传动和链传动分别通过带轮或链轮传递回转运动，有时还用来驱动平行轴之间的小齿轮。

其中，带传动是机械传动学科的一个重要分支，主要用于传递运动和动力。它是机械传动中重要的传动形式，也是机电设备的核心连接部件，种类繁多，用途极为广泛。其最大特点是可以自由变速、远近传动、结构简单和更换方便。带传动根据其传动原理可分为摩擦型和齿合型两大类。摩擦型带传动包括平带传动（Flat Belt Drive）V 带传动、多楔带传动（Ribbed V-beltDrive）以及双面V带传动、圆形带传动等。齿合型带传动即同步带传动（Synchronous Belt Drive）。今后传动带的主流是向着小型化、精密化和高速化的方向发展。老式的平板带将被日渐淘汰，新型的环形平板带重新崛起；切割三角带将取代大部分包布V形带，同时代之而起的V形平板带、多樱带、齿形带可能成为新的主流产品。

链传动具有传动效率高、承载能力强、可实现远距离传动等诸多优点，广泛应用于农业、采矿、冶金、起重、运输、石油、化工、汽车、纺织以及印刷包装等各种机械的动力传动中。

1. 同步带传动

同步带传动由一根内周表面设有等间距齿的封闭环形胶带和具有相应齿的带轮组成。运转时，带的凸齿与带轮齿槽相合来传递运动。同步带传动属于低惯性传动，适合于在电动机和高速比减速器之间使用。同步带上安装滑座可完成与齿轮齿条机构同样的功能。由于同步带传动惯性小，且有一定的刚度，所以适合于高速运动的轻型滑座。

同步带的传动面上有与带轮齿合的梯形齿。同步带传动时无滑动，初始张力小，被动轴的轴承不易过载。因无滑动，它除了用作动力传动外还适用于定位。同步带采用氯丁橡胶作为基材，并在中间加入玻璃纤维等伸缩刚性大的材料，齿面上覆盖耐磨性好的尼龙布。用于传递轻载荷的齿形带用聚氨基甲酸酯制造。同步带按齿形分为梯形齿和圆弧形齿两种，梯形齿同步带已列入ISO及我国同步带标准，其型号及尺寸已标准化。圆弧齿同步带目前尚处于各国的企业标准阶段。

2. 滚子链传动

滚子链传动属于比较完善的传动机构，由于其噪声小、效率高，因此得到了广泛的应用。但是，高速运动时滚子与链轮之间的碰撞会产生较大的噪声和振动，只有在低速时才能得到满意的效果，即滚子链传动适合于低惯性负载的关节传动。链轮齿数少，摩擦力会增加，要得到平稳运动，链轮的齿数应大于17，并尽量采用奇数齿。

2.4.4 机器人绳传动与钢带传动机构

1. 绳传动

近年来，由于一般传动方式自身特点的局限，新式绳驱动技术受到越来越多的研究学者的重视。事实上，绳传动已经发展演变成了一种新型的传动机制。绳驱动技术主要通过将电机和减速装置全部安装在基座上，利用绳索牵引下一关节的运动，从而达到远距离动力传输的目的。绳驱动技术已经可以完全达到接触传动的形式，如齿轮传动、蜗轮蜗杆传动、齿轮齿条传动等，这一技术可以有效地提高远距离传输的效率，已经应用于拟人机械臂的设计。

绳传动广泛应用于机器人的手爪开合传动，特别适合有限行程的运动传递。绳传动的主要优点是：钢丝绳强度大，各方向上的柔软性好、尺寸小预载后有可能消除传动间隙；

主要缺点是：不加预载时存在传动间隙，因为绳索的蠕变和索夹的松弛使传动不稳定，多层缠绕后，在内层绳索及支撑中损耗能量、效率低、易积尘垢。

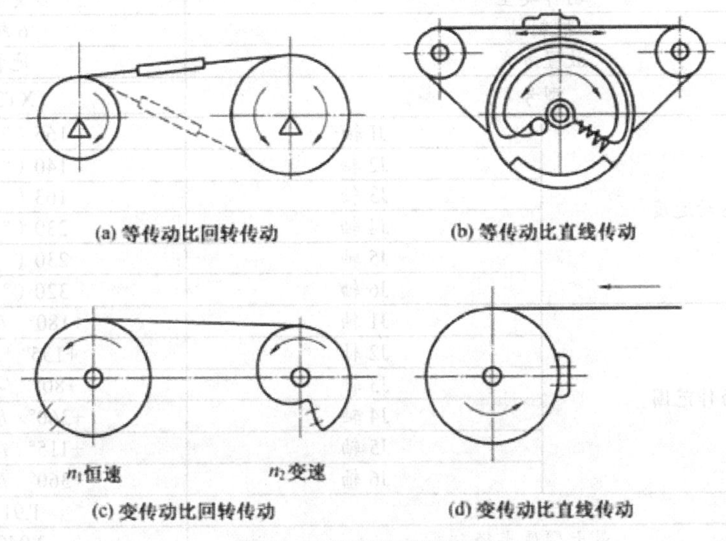

图 2-5　钢带传动示意图

2. 钢带传动

钢带传动的优点包括传动比精确、传动件质量小、惯量小、传动参数稳定、柔性好、不需润滑及强度高等。图为钢带传动示意图，钢带末端紧固在驱动轮和被驱动轮上，因此，摩擦力不是传动的重要因素。钢带传动适用于有限行程的传动。图 2-5（a）为适合于等传动比，图 2-5（c）所示适合于变化的传动比，图 2-5（b）和图 2-5（d）为一种直线传动，而图 2-5（a）和图 2-5（c）所示为一种回转传动。

任务五　典型工业机器人设计

典型工业机器人依据用途分为点焊机器人、弧焊机器人、搬运机器人、喷涂机器人和 AGV 机器人等。不同用途的机器人的结构形式、传动方式及控制形式各有不同，在前面的章节中，已经详细讲解了机器人本体的结构及传动原理，本节以 XT30 搬运机器人为例来阐述工业机器人的设计过程。

2.5.1 机器人性能参数确定

XT30 搬运机器人的主要性能指标：末端最大负载 30kg；搬运最高频率为 1000 次 /h；末端作业最大展臂半径为 2.04m 等。参照国内外同类产品的资料及用户的实际要求，可确定本机器人的主要性能参数。XT30 搬运机器人性能参数见表 2-1。

表 2-1 XT30 搬运机器人性能参数

项目		性能参数
动作类型		多关节型
控制轴		6 轴
放置方式		地装
型号		XT30
最大运动速度	J1 轴	165（°）/s
	J2 轴	140（°）/s
	J3 轴	163（°）/s
	J4 轴	230（°）/s
	J5 轴	230（°）/s
	J6 轴	320（°）/s
最大动作范围	J1 轴	+180° /-180°
	J2 轴	+135° /-90°
	J3 轴	+80° /-210°
	J4 轴	+360° /-360°
	J5 轴	+115° /-115°
	J6 轴	+360° /-360°
最大活动半径		1.91 m
最大臂展半径		2.040 m
手腕额定负载		30 kg
重复精度		± 0.3 mm
噪声		低于 80 dB
恶劣状态运行时间		24 h
额定状态运行时间		120 h

标注：

（1）末端最大负载为机器人在工作范围内的任何位置和姿态上所能承受的最大质量。

（2）机器人搬运的最高频率为在各单关节运动时的最大速度、末端的合成最高运行速度下，单位小时内机器人末端搬运物品的次数。

（3）机器人最大作业空间为机器人运动时各关节所能达到的最大角度。机器人的每个轴都有软、硬限位。机器人的运动无法超出软限位，如果超出则称为超行程，由硬限位完成对该轴的机械约束。最大工作空间为机器人运动时手腕末端所能达到的所有点的集合。

2.5.2 机器人机构设计方案

XT30 搬运机器人是地装多关节机器人，参照 2.2.2 节，依次为腰座回转、大臂俯仰、小臂俯仰、小臂回转、手腕俯仰及末端负载旋转 6 个自由度机器人。XT30 机器人结构简图，如图 2-6 所示。

1. 传动原理

如图 3.19 所示，机器人结构图传动原理如下

（1）J1 轴电机通过 Z_1，Z'_1 齿轮齿合驱动 J1 轴减速器带动腰座回转。

（2）J2 轴电机直接驱动 J2 轴减速器带动大臂俯仰。

（3）J3 轴电机直接驱动 J3 轴减速器带动小臂俯仰。

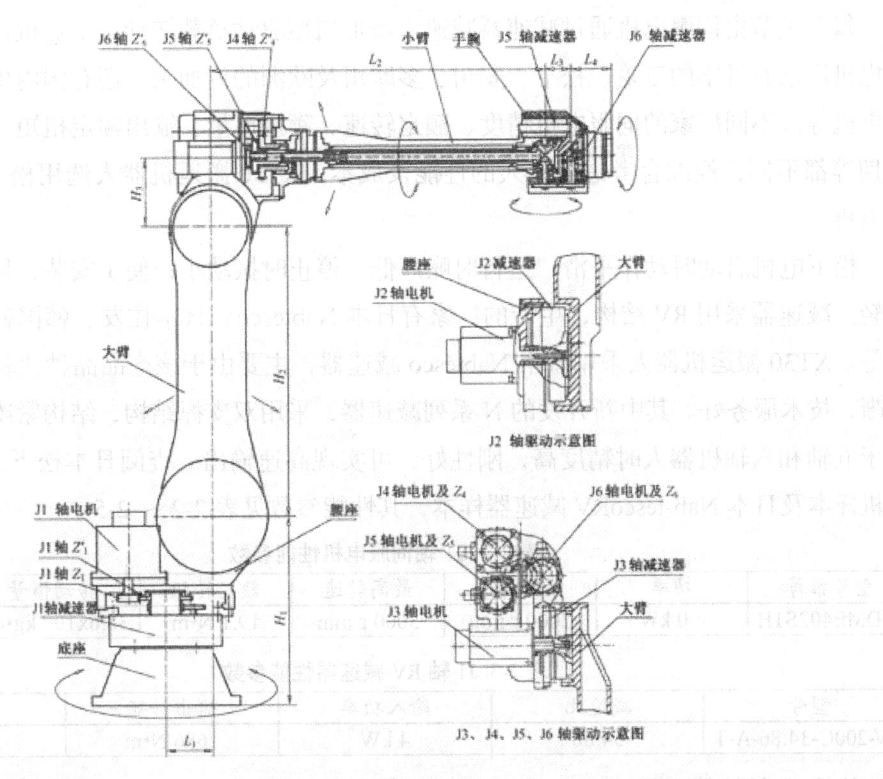

图 2-6　XT30 机器人结构图

（4）J4 轴电机通过 Z_4、Z'_4 齿轮齿合（减速比 65∶38）驱动 J4 轴减速器带动小臂回转。

（5）J5 轴电机通过 Z_5、Z'_5 齿轮外齿合（减速比 49∶42）及一对螺旋伞齿轮齿合（减速比 1∶1）驱动 J5 轴减速器带动手腕俯仰。

（6）J6 轴电机通过 Z_6、Z'_6。齿轮外齿合（减速比 33∶32）、螺旋伞齿轮（减速比 1∶1）、直齿轮（减速比 1∶1）、螺旋伞齿轮（减速比 1∶1）分别齿合传动来驱动 J6 轴减速器，带动末端负载转动。

2. 电机、减速器选型

参照国内外同类产品及表 2-1 中的性能参数，初步设定图 2-4 中尺寸参数，L_1=145 mm，L_2=1025 mm，L_3=80 mm，L_4=125 mm，H_1=570 mm，H_2=870 mm，H_3=210 mm。

估算大臂质量 G_1=70 kg，重心 L_5=430 mm，小臂及传动零部件质量 G_2=50 kg，重心 L_6=530 mm，末端负载为 G=30 kg，最大展臂半径为 R=2040 mm，2 轴在运行过程中，转角极限位置承受最大负荷扭矩，J1 轴承受最大负载惯量，计算过程如下。

（1）估算 J2 轴最大负载转矩为

$$M = G_1 \times L_5 + G_2 \times (H_2 + L_6) + G_1 \times R = 1613N \cdot \mathrm{m}$$

（2）估算 J1 轴最大负载惯量为

$$J = \frac{1}{3} G_1 \times (L_1 + L_5)^2 + \frac{1}{3} G_2 \times (L_1 + H_2 + L_6)^2 + \frac{1}{3} G_1 \times R^2 = 89.12\mathrm{kg} \cdot \mathrm{m}^2$$

每个关节由伺服电机通过减速器减速来增加扭矩驱动负载转动。工业机器人选用的伺服电机厂家有日本的三菱、松下、安川、多摩川及欧洲的贝加莱，还有国内生产的翡叶伺服电机等。不同厂家的伺服电机精度、额定转速、额定惯量、输出额定扭矩、价格及供货周期等都不同，经综合考虑机器人的性能及成本，XT30 搬运机器人选用松下 A5 系列伺服电机。

松下电机启动时动作平滑，运行时噪声低，停止时振动小；便于安装，尺寸紧凑，质量轻。减速器采用 RV 结构，生产的厂家有日本 Nabtesco、日本住友、韩国韩中减速机公司等。XT30 搬运机器人采用日本 Nabtesco 减速器，主要由于该产品品种比较齐全，样本清晰，技术服务好。其中新开发的 N 系列减速器，采用双支撑结构，结构紧凑，质量小，用于五轴和六轴机器人时精度高，刚性好，可实现高速输出。查阅日本松下 A5 交流伺服电机样本及日本 Nab-tescoRV 减速器样本，其性能参数见表 2-2 ~ 2-5。

表 2-2 J1 轴伺服电机性能参数

型号推荐	功率	额定转速	最高转速	额定转矩	转动惯量	惯量比
MDME402S1H	4.0 kW	2000 r/min	3000 r/min	19.1 N•m	38.6×10^{-4} kg•m2	<10

表 2-3 J1 轴 RV 减速器性能参数

型号	减速比	输入功率	输出转矩	质量
RV-200C-34.86-A-T	34.86	4 kW	1686 N•m	55.6 kg

核算 J1 轴性能参数：

机构设计中 J1 轴选用 Z' 与 Z 齿数比为 96/34，减速器减速比为 34.86，综合减速比为 98.43，伺服电机额定转速为 2000 r/min，最高转速为 3000 r/min。

J1轴额定转速=2000/98.43 × 6=121.92（（° ）/s）

J1轴最高转速=3000/98.43 × 6=182.87（（° ）/s）

J1 轴性能参数中要求最大转速为 165（° ）/s。

J1 轴电机转子惯量为 38.6×10^{-4} kg · m²，综合减速比为 98.43，则输出惯量为 38.6×10^{-4} kg·m² × 98.43²=37.4 km · m²·

J1 轴最大负载惯量与输出惯量比值为，选用的松下 MDME402S1H 伺服电机推荐的惯量比值小于 10。以上核算的结果，验证 J1 轴电机、减速器选择合理。

表 2-4 J2 轴伺服电机性能参数

型号	功率	额定转速	最高转速	额定转矩	转动惯量	推荐惯量比
MDME502S1H	5.0 kW	2000 r/min	3000 r/min	23.9 N · m	48.8x10 kg · m2	<10

表 2-5 J2 轴 RV 减速器性能参数

型号	减速比	输入功率	输出转矩	质量
RV-320E-100-B	100	5 kW	2695 N · m	44.3 kg

核算 J2 轴性能参数：

J2轴额定转速=2000/100x6=120（（° ）/s）

J2轴最高转速=3000/100 × 6=180（（° ）/s）

J2 轴性能参数中要求最大转速为 140（° ）/s。

J2 轴输出转矩 23.9×100=2390 N·m，J2 轴最大负载转矩为 1613 N·m，验证 J2 轴电机、减速器选用合理。依此方法，其他各轴选用的交流伺服电机及 RV 减速器性能参数见表 2-6~2-13。

表 2-6　J3 轴伺服电机性能参数

型号	功率	额定转速	最高转速	额定转矩	转动惯量	推荐惯量比
MDME302S1H	3.0 kW	2000 r/min	3000 r/min	14.3 N·m	14x10^{-4} kg·m^2	<10

表 2-7　J3 轴 RV 减速器性能参数

型号	减速比	输入功率	输出转矩	质量
RV-110E-80-B	80	3 kW	925 N·m	17.4 kg

表 2-8　J4 轴伺服电机性能参数

型号	功率	额定转速	最高转速	额定转矩	转动惯量	推荐惯量比
MDME152S1H	1.5 kW	2000 r/min	3000 r/min	7.16 N·m	7.9x10^{-4} kg·m^2	<10

表 2-9　J4 轴 RV 减速器性能参数

型号	减速比	输入功率	输出转矩	质量
RV-42N-30.23	30.23	1.5 kW	412 N·m	5.8 kg

表 2-10　J5 轴伺服电机性能参数

型号	功率	额定转速	最高转速	额定转矩	转动惯量	推荐惯量比
MSME152S1H	1.5 kW	3000 r/min	5000 r/min	4.77N.m	3.2x10^{-4} kg·m^2	<15

表 2-11　J5 轴 RV 减速器性能参数

型号	减速比	输入功率	输出转矩	质量
RV-42N-80	81	1.5 kW	412 N·m	6.3 kg

表 2-12　J6 轴伺服电机性能参数

型号	功率	额定转速	最高转速	额定转矩	转动惯量	推荐惯量比
MSME152S1H	1.5 kW	3000 r/min	5000 r/min	4.77 N·m	3.2x10 kg·m2	<15

表 2-13　J6 轴 RV 减速器性能参数

型号	减速比	输入功率	输出转矩	质量
RV-35N-61	61	1.5 kW	343 N·m	6.6 kg

2.5.3 机器人三维建图及仿真建模

目前三维软件有 SOLIDWORKS、UG、PROEATIA、AUTOCAD 和 CAXA 等，每种软件都各有其优点。SOLIDWORKS 作为 Windows 平台下的机械设计软件，Windows 的很多功能都可以在这里实现，比如“复制”“粘贴”。多数用户系统中都有 CAD 二维图纸，OLIDWORKS 可兼容 AutoCAD 文件。DWGeditor 可以使用原创 DWG 文件，提供 AutoCAD 用户熟悉的界面。SOLIDWORKS 三维制图软件具有使用方便和操作简单的特点，其强大的设计功能可以满足机械产品的设计需要。本书使用 SOLIDWORKS 三维制图软件制作 XT30 搬运机器人零部件图纸、部件图及仿真建模。

1. 建立 3D 零件图注意事项

（1）确定零件的材质。该机器人的底座、腰座、大臂、小臂、手腕采用 QT500-7，传动轴采用40Cr，直齿轮、伞齿轮采用20CrMnTi，隔套、调节垫采用Q235，缓冲垫、限位垫采用聚氨酯。

（2）建立结构复杂零件3D图时，选择合理的基面A，便于建立行程回转面B、铸造圆角等。

（3）建完零件3D图后，对于复杂铸造件，点击评估中“质量属性”命令，验证质量、重心、惯量性能。必要时点击“拔模分析”命令及“对称检查”命令检查零件结构的合理性。

2. 建立3D装配图注意事项

（1）理解各轴自由度的装配约束类型。本机器人采用自底向上的装配方法，在装配过程中，进行零部件的干涉检查，便于及时修改不合理的零件结构。

（2）在装配过程中，依据各轴最大的动作范围，检验各轴极限转角的合理性，检查各关节达到最大角度的硬限位。

3.3D装配体仿真建模

XT30搬运机器人，在SolidWorks中进行自下向上的装配，通过使用多种不同的方法将零部件插入到装配体中，并利用相应的装配约束关系对零件定位。还可以用鼠标拖动未完全定位的零部件，带动机构进行有限的运动仿真，从而了解整体设计与目标的一致程度，并在运动中进行碰撞或干涉检查。由于装配图中的零部件文件与装配图连接，零部件的数据还保持在原零部件文件中，对零部件文件进行任何改变都会更新装配体。XY搬运机器人三维建模示意图如图2-7所示。

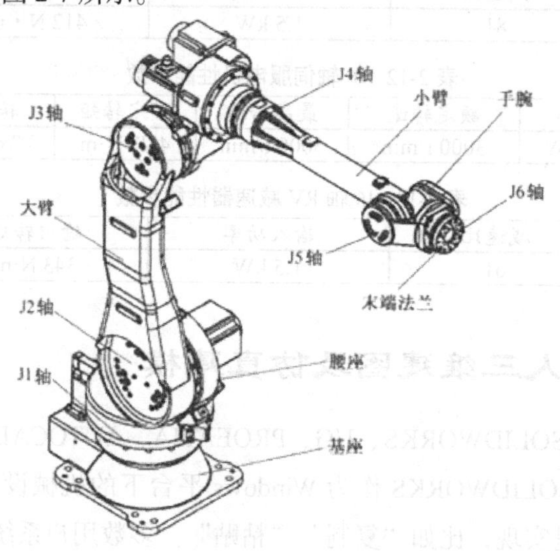

图2-7 XT搬运机器人三维缄默示意图

2.5.4 机器人主要杆件强度校核

大臂是整个工业机器人本体中一个很重要的零件，它的刚度直接影响着整个机器人的精度。由于大臂结构复杂，将其等效为简单的杆件模型时，不可避免地产生力学解析上的误差。为了快速、准确地校核机器人大臂的刚度和强度，目前一般常用 ANSYS 软件，采用有限元单元法进行分析。

有限元法的基本原理是将一个连续的求解区域任意划分为适当形状的许多微小单元，并在各个小单元分片构造插值函数，然后根据极值原理（变分法或加权余量法）将问题的控制微积分方程化为控制所有单元的有限元方程，把总体的极值作为各个单元极值之和，即将局部单元总体合成，形成包含指定边界条件的代数方程组。求解此方程组即可得各个节点上待求的函数值。

1. 大臂有限元模型的建立与解析

首先建立大臂的三维模型，由于 ANSYS 和 SolidWorks 与许多 CAD 软件有数据接口，可以直接将 SolidWorks 软件中建立的大臂三维模型导入 ANSYS 中，也可以用 SolidWorks 命令中的 Simulation 将其构造成一个实体，定义大臂的密度（材料为 QT500-7，密度为 7.3 g/cm），弹性模量 E=154 GPa，泊松比为 0.27，施加重力和作用力，然后划分单元。

2. 计算结果分析

ANSYS 软件具有强大的后处理功能，利用其后处理模块可以清楚地看出大臂的变形分布情况。最大变形发生在大臂轴减速器连接处，最大变形 0.002 mm，满足刚度的要求。可以看出，大臂应力的总体分布规律是靠近大端轴减速器连接处应力逐渐增大，小端轴减速器连接处应力逐渐减小，小于一般球铁的抗拉强度（500 MPa）。因此，结构参数满足强度要求。

2.5.5 机器人生产图输出

XT30 搬运机器人通过转矩及惯量的校核，验证各轴伺服电机及减速器满足性能要求，通过建立三维零件图装配图，拖动未完全定位的零部件，带动机构进行有限的运动仿真，检测各轴的转角极限及干涉的检查，确定本设计方案合理，利用 SolidWorks 软件或 CAD 软件建立生产图，打印图样，交付生产。生产用图的尺寸精度、装配精度直接影响零件的加工质量及部件的装配质量，甚至影响整机的产品质量。

1. 零件图注意事项

传动轴与轴承配合部位除了注明尺寸精度、粗糙度精度外，还要注明形位公差精度。技术要求中注明热处理的要求。齿轮要注明齿轮的参数、配对齿轮的图纸图号及齿数，在技术要求中注明热处理方法，节圆处标注圆跳动公差要求。铸件要求铸造圆角尽量大，尤其是受力部位，防止应力集中，配合面要求位置精度；技术要求中注明探伤、时效处理及非加工面表面处理等要求。

2. 装配图注意事项

装配图应标注装配图的外形尺寸，重要配合部位标准装配尺寸公差。技术要求中注明装配前按照图纸标题栏明细，清点并检查零件是否合格，避免将不合格的零件组装后返修；

RV减速器注满由厂家携带的润滑脂至标识位置; 相对运动件要求灵活无卡滞; 正式装配时，螺钉连接处涂螺纹紧固剂；伺服电机及减速器连接螺钉用定扭矩扳手拧紧。标题栏明细表中注明选用轴承的精度等级要求，本机器人要求轴承的精度 P5；伺服电机及 RV 减速器要求注明型号、厂家，便于保证外购件安装尺寸及产品质量；装配总图中还要注明本机主要性能参数及适应环境要求。

2.5.6 机器人零部件加工、装配及检查维护

1. 机器人机械零部件加工

机器人主要机械零部件包含腰座、大臂及小臂箱体类铸件，J4，J5 及 J6 传动轴，直齿及锥齿齿轮等。加工前，先进行零部件图的分析，确定装配尺寸及关键尺寸精度，选用合理设备加工，确定零件定位基准、装夹及工艺路线。

（1）腰座零件加工。首先振动时效 QT500-7 铸件，不应有裂纹、粘砂、气孔及砂眼等缺陷，采用数控铣床加工工艺基准面，一次装夹，数控加工安装 J1 轴、J2 轴减速器及电机的配合面，保证其同轴度、平行度及垂直位置公差精度。

（2）大臂零件加工。先加工基准面，以此平面定位装夹，加工安装 J2，3 轴减速器的配合面，保证其同轴度及两孔轴线的平行度。

（3）小臂零件加工。先加工面 A，以此为基准面一次定位装夹，采用数控机床加工与 J4 轴减速器配合轴面 B 及 J5 驱动轴配合轴面 C；加工 J5 轴减速器配合面 D 及 J6 轴传动过渡轴配合面 E，保证面 B 与面 C 同轴，面 D 与面 E 同轴，面 B 的轴线与面 D 的轴线垂直且在同一平面内。如图 2-8 所示。

（4）轴类零件加工。机器人轴类零件材料一般选用 40Cr 或 45 号钢，加工前调质热处理 240 ~ 265 HBS，细长轴加工采用跟刀架或中间支撑装夹，轴的跳动精度应能保证平衡精度不低于 G6.3，安装轴承部位，保证同轴度精度，轴端外花键配合面高频淬火处理 45 ~ 50HRC。

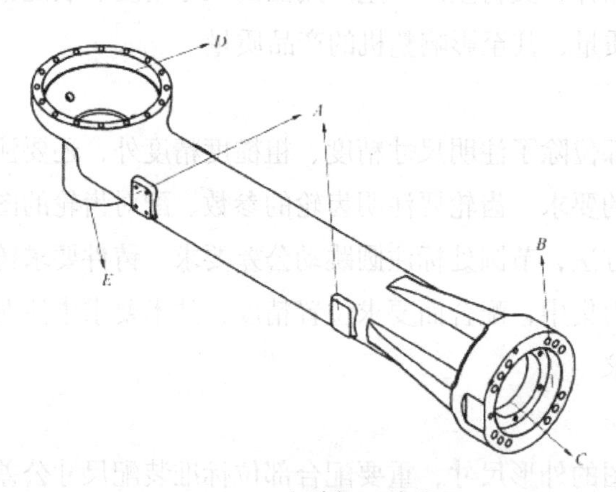

2-8　小臂加工基准面

（5）齿轮零件加工。机器人齿轮零件材料一般选用 20CrMnTi，把材料截断，烧红后

模锻、正火，然后把坯料用车床打孔，车毛边，数控车床两道工序完成毛皮的粗加工，用滚齿机、插齿机、铣床等制齿、剃齿、拉床拉键槽、打孔攻丝等工序。齿面渗碳浓火、回火、喷丸、磨孔、磨齿等，保证传递运动的准确性及平稳性，载荷分布的均匀性等精度指标，齿合齿轮成对加工检验，确保中心距及齿合精度。

2. 机器人机械零部件装配

安装前，正确理解图纸，依据序号，依次检查零件加工精度是否符合图纸要求，清点标准件和外购件的型号及数量；遵守装配规范，合理安排装配工序，尽量减少手工操作，提高装配机械化和自动化程度，尽量缩短装配周期；确定合理的装配顺序及装配方向；安装前各RV减速器内灌注由厂家携带的润滑脂至注油孔位置；零部件清理干净，尤其是铸件，用和好的面团粘清内表面灰尘及铁屑，防止杂质进入润滑油内，研磨零件表面，产生突然卡滞现象；零件表面不得有硫碰划伤的现象；准备好专用的定扭矩扳手及专业吊装设备等安装工具；准备螺纹密封胶及RV润滑油等；安装场地要清洁、无噪声、不潮湿。

（1）底座及腰转部件的安装。J1轴减速器在底座上，接触面涂密封胶，注油孔对正，连接螺钉涂螺纹密封胶，用定扭矩扳手均匀上紧螺钉；安装转接盘、腰座及轴承，用密封圈使之密封；在腰座上安装J1轴电机及驱动齿轮组件，接触面涂密封胶；安装J2轴减速器，用密封圈密封，用定扭矩扳手均匀上紧螺钉；安装J2轴电机及驱动花键轴组件，用唇形密封圈密封，防止减速器油泄漏；转动接盘，使腰座旋转，检查无卡滞、无异响，安装完成。

（2）小臂部件的安装。将J4传动轴、轴承、齿轮，J5传动轴、轴承、齿轮，J6传动轴、轴承、齿轮依次安装在小臂杆上，边安装边转动，保证转动顺畅，无异响；将小臂杆组件安装在3，4轴座上，用密封圈密封；安装J4轴、J5轴、J6轴电机及驱动齿轮组件在3，4轴座上，用专用工具转动J4传动轴、J5传动轴及J6传动轴，检查齿轮嘴合正常，无异响，接触面涂密封胶，用定扭矩扳手均匀上紧螺钉；在小臂杆上安装J4轴减速器，用专用工具转动减速器转子，检查内外花键齿合正常，密封圈密封，定扭矩扳手均匀上紧螺钉；安装四轴转接盘；安装J3轴减速器在3，4轴座上，密封圈密封，用定扭矩扳手均匀上紧螺钉；安装J3轴电机及驱动花键轴，接触面涂密封胶。

（3）大臂的安装。在腰座的J2轴减速器上，用密封圈密封，用定扭矩扳手均匀上紧螺钉；将大臂转动到理想角度，借助专用吊装设备，将小臂部件的J3轴减速器安装在大臂上，用密封圈密封，用定扭矩扳手均匀上紧螺钉。检验并确保小臂杆的轴线与腰座的轴线垂直且在同一平面内。

（4）手腕部件的安装。将J6传动轴、锥齿轮、轴承，J5传动轴、锥齿轮、轴承安装在手腕连接体上；安装J5轴减速器及锥齿轮组件在手腕连接体上，用专业工具转动J5传动轴，检查J5轴锥齿轮齿合正常，可用调整垫调整，使间隙尽量小，运行平稳，无噪声；安装手腕在J5轴减速器转子上，将其转动合理的角度；安装J6过渡轴及轴承在手腕上，利用调整垫调整，专用工具转动J6传动轴，检验锥齿轮、直齿轮的齿合正常；安装J6轴减速器及锥齿轮组件，专用工具转动J6传动轴，检验J6轴减速器锥齿轮的齿合正常；安装末端法兰。

（5）利用专业吊装设备将手腕部件与小杆臂组在一起，用密封圈密封。检查各运动付运行平稳，无异响后，加注 RV 专业润滑油，压紧注油嘴，防止漏油。整机安装完成。

任务六　工业机器人性能测试

任务目标

1. 掌握工业机器人性能测试的具体指标。
2. 掌握工业机器人性能测试的相关算法。

任务描述

工业机器人的性能测试在设计工业机器人的过程中有着重要作用，能够帮助我们了解工业机器人的相关性能与最初的设计预想是否符合。

任务实施

2.6.1 工业机器人性能测试指标

根据国标 GB/T12642--2001，工业机器人的性能指标包括十四项：①位姿准确度和位姿复性；②多方向位姿准确度变动；③距离准确度和距离重复性；4 位置稳定时间；5 位置超调量；位姿特性漂移；互换性；轨迹准确度和轨迹重复性；重复定向轨迹准确度；拐角偏差；轨迹速度特性；2 最小定位时间；静态柔顺性；摆动偏差。该标准确定了工业机器人的所有相关设计指标，针对某一具体工业机器人应选择上述指标的相关项目进行测试，并非要测其全部指标。XT30 搬运机器人结构简图如图 2-9 所示。

图 2-9 中，（$x_0y_0z_0$）为基础坐标系，建立在机器人的底部安装本体上；（$x_iy_iz_i$）$_{i=1,\ 2,\ \cdots,\ 6}$ 机器人相应各关节坐标系，分别建立在各个关节处；（$x_Ty_Tz_T$）为工具坐标系，建立在机器人的末端法兰盘上。

工业机器人包括搬运、焊接、涂胶和浇注等，结构形式包括串联和并联，工作负载涵盖了小负载至重负载的一系列机器人。在机器人设计过程中采用设计→试验→优化方法，能提高工业机器人的设计水平，典型的检测工作包括以下几个方面：

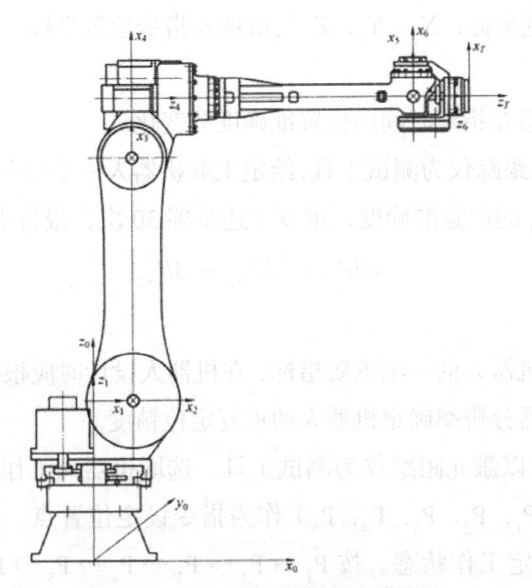

图 2-9　XT30 搬运机器人结构简图

1. 关节运动范围

单轴工作范围由机械部分保证，在建立机器人坐标系后各关节的转动范围可以在关节坐标系下测试得到。

测试方法：在机器人按以上坐标标定好零位以后，运动各轴分别在正反两个方向上到达极限位置，记录机器人的运动范围，重复测试 10 次，以 10 次所测结果的平均值作为测试结果，然后整理数据给出报告。

2. 单轴额定速度

各轴的最大速度由电机的最大转速及各轴减速比保证，各轴减速比由机械部分保证。由于减速比固定，所以各关节轴的速度指标可以通过测试各轴电机转速得到。

测试方法：在额定负载条件下，使被测关节进入稳定工作状态。令机器人被测关节以最大速度做大范围的运动，然后采用驱动器中自带的软件记录各轴的最大运动速度值，或者采用激光跟踪仪，测量设置在机器人各关节的标志点的运动速度。重复测试 10 次，以 10 次所测结果的平均值作为测试结果，然后整理数据给出报告。

3. 位置准确度

位置准确度是指令位姿的位置与实到位置集群中心之差。

测试方法：以激光跟踪仪为测试工具，给定工业机器人一个指令位置 P 点。启动机器人，使其在额定负载条件下进入稳定工作状态。驱动机器人末端点到达 P 点，并停留一定时间，测出实到位置数据。重复上述步骤 30 次。

$$AP_P = \sqrt{(\overline{X} - X_c)^2 + (\overline{Y} - Y_c)^2 + (\overline{Z} - Z_c)^2}$$

$$\overline{X} = \frac{1}{n}\sum_{j=1}^{n} X_j, \overline{Y} = \frac{1}{n}\sum_{j=1}^{n} Y_j, \overline{Z} = \frac{1}{n}\sum_{j=1}^{n} Z_j$$

式中，$\overline{X}, \overline{Y}, \overline{Z}$ 是重复响应同一指令位置后，所得点的位置集中心坐标；X_j，Y_j，Z_j 是

第 j 次实到位置的位置坐标；X_c，Y_c，Z_c 是机器人指令位置坐标。

4. 位置特性漂移

位置特性漂移是指在指定时间内位置准确度的变化。

测试方法: 以激光跟踪仪为测试工具，给定工业机器人一个指令位置 P_c 点。启动机器人，测量时间 T_1 和时间 T_2 的位置准确度，重复上述步骤 30 次，报告中取其最大值。

$$dAP_P = \left|AP_{t=1} - AP_{t=2}\right|$$

5. 位置重复精度

重复定位精度是机器人的一项重要指标，在机器人设计时应根据机械结构、装配精度、控制精度和位置传感器分辨率确定机器人的重复定位精度。

（1）测试方法。以激光跟踪仪为测试工具，选取机器人工作空间最大包容正方体对棱斜平面上五个点（P_1，P_2，P_3，P_4，P_5）作为指令设定位置点。启动机器人，使其在额定负载条件下进入稳定工作状态。按 $P_1 \rightarrow P_2 \rightarrow P_3 \rightarrow P_4 \rightarrow P_5 \rightarrow P_1$ 的顺序，驱动机器人末端点到达以上各点，分别在上述各点停留一定时间，测出实到位置数据。重复上述步骤 30 次，计算位置重复性。

（2）测试点的选择。在被选择的测试平面对角线上设置五个测试点，指令位置相应地设在这五个点上。P 点是对角线交点和正方体中心，P2 ~ Ps 点距对角线端点的距离为对角线长度 L 的 10% ± 2%。对角线平面及测试点分布如图 2-8 所示。经过对机器人末端工作空间搜索，可得末端工作空间最大内截正方体上顶点坐标，其中和测试点相关的顶点坐标为 C_1，C_2，C_7，C_8。测试点在如图 2-10 所示 0 坐标系下进行，测试点坐标分别为 P_1，P_2，P_3，P_4，P_5，并给定姿态角，测试过程中姿态角不发生变化。

（3）位置重复精度的计算。由每个测试点 P_1，P_2，P_3，P_4，P_5 所测得的实际位置构成各点的位置集，然后由此位置集构造一个包络所有数据的外截球，如图 2-10 所示。球心半径 R 表示末端的重复位置精度。球心位于位置集中心，计算过程为：

$$R = \overline{D} + 3S_D$$

式中

$$\overline{D} = \frac{1}{n}\sum_{j=1}^{n} D_j$$

$$D_j = \sqrt{(X_j - \overline{X})^2 + (Y_j - \overline{Y})^2 + (Z_j - \overline{Z})^2}$$

$$S_D = \sqrt{\frac{\sum_{j=1}^{n}(D_j - \overline{D})^2}{n-1}}$$

$$\overline{X} = \frac{1}{n}\sum_{j=1}^{n} X_j, \overline{Y} = \frac{1}{n}\sum_{j=1}^{n} Y_j, \overline{Z} = \frac{1}{n}\sum_{j=1}^{n} Z_j$$

其中，$\overline{X}, \overline{Y}, \overline{Z}$ 是重复响应同一指令位置后，所得点的位置集中心坐标；X_j，Y_j，Z_j 是

第 j 次实到位置的位置坐标。

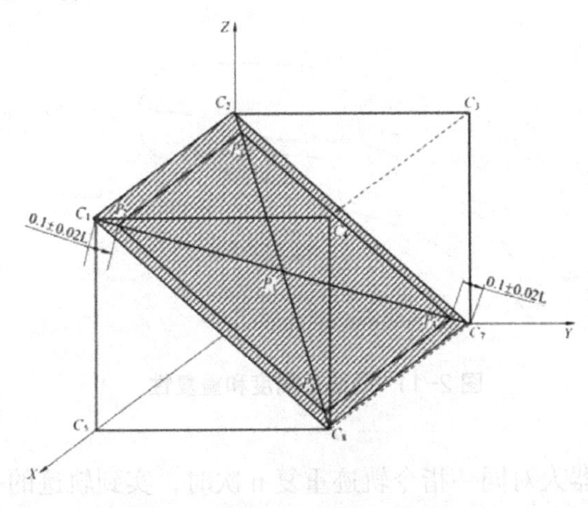

图 2-10　对角线平面及测试点分布

6. 复合运动速度

复合运动速度是指机器人在圆弧运动和直线运动时的最大运行速度，由机器人结构尺寸和单轴运动速度决定。

测试方法：以激光跟踪仪为测试工具，在机器人的工作空间内选择最长一条空间直线 P_1P_2，启动机器人，使其在额定负载条件下进入稳定工作状态。驱动机器人在两点之间循环运动 30 次，并记录它在两点之间的运行时间，根据距离和时间计算运动速度。取 30 次的平均速度衡量机器人的符合运动速度。

7. 轨迹准确度

轨迹准确度表示机器人在同一方向上沿指令轨迹 n 次移动，指令轨迹的位置与各实际轨迹位置集群的中心线之间的偏差（图 2-11）。位置轨迹准确度 ΛT_P，定义为指令轨迹上一些（m 个）计算点的位置与 n 次测量的集群中心 G_i 间的距离的最大值。位置轨迹准确度的计算公式为：

$$AT_P = \max\sqrt{(\overline{x_i}-x_{ci})^2+((\overline{y_i}-y_{ci})+(\overline{z_i}-z_{ci})},\ i = 1,2,\ \cdots m$$

式中 $\overline{x_i} = \frac{1}{n}\sum_{j=1}^{n} x_{ij}$, $\overline{y} = \frac{1}{n}\sum_{j=1}^{n} y_{ij}$, $\overline{z} = \frac{1}{n}\sum_{j=1}^{n} z_{ij}$, x_{ci}, y_{ci}, z_{ci} 是在指令轨迹上第 i 点的坐标；x_{ij}，y_{ij}，z_{ij} 是第 j 条实到轨迹与第个正交平面交点的坐标。

测量方法：以激光跟踪仪为测试工具，在机器人的工作空间内选择一条空间曲线 P_1P_2，启动机器人，使其在额定负载条件下进入稳定工作状态。驱动机器人在两点之间循环运动 30 次，按照上述公式计算机器人轨迹准确度。

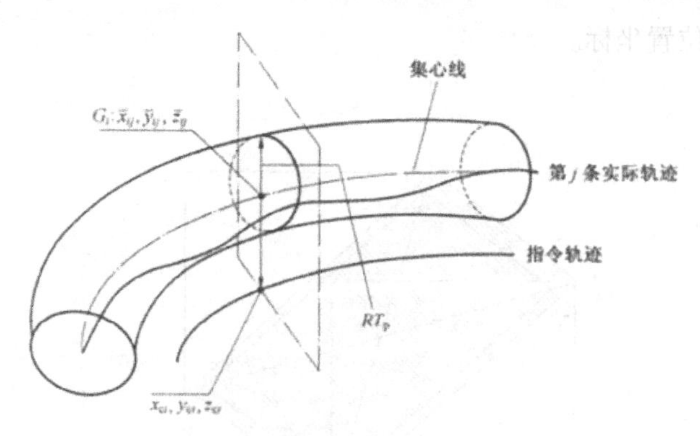

图 2-11 轨迹准确度和重复性

8. 轨迹重复精度

轨迹重复性表示机器人对同一指令轨迹重复 n 次时，实到轨迹的一定程度。对某一给定轨迹跟踪 n 次，轨迹重复性可表示为 RT_p。

RT_p 等于以下式计算的在正交平面内且圆心在集群中心线上圆的半径 RT_{pi} 的最大值。轨迹重复性由下式计算：

$$RT_p = \max RT_{pi} = \max\left[\bar{l}_i + 3S_{li}\right], i = 1,2,\cdots, m$$

式中

$$\bar{l}_i = \frac{1}{n}\sum_{j=1}^{n} l_{ij}, S = \sqrt{\frac{\sum_{j=1}^{n}(l_{ij} - \bar{l}_i)^2}{n-1}}$$

$$l_{ij} = \sqrt{(x_{ij} - \bar{x}_i)^2 + (y_{ij} - \bar{y}_i)^2 + (z_{ij} - \bar{z}_i)^2}$$

$$\bar{x}_i = \frac{1}{n}\sum_{j=i}^{n} x_{ij}, \bar{y}_i = \frac{1}{n}\sum_{j=i}^{n} y_{ij}, \bar{z}_i = \frac{1}{n}\sum_{j=i}^{n} z_{ij}$$

x_{ci}，y_{ci}，z_{ci}—指令轨迹上第 1 点的坐标；

x_{ij}，y_{ij}，z_{ij}——第 j 条实到轨迹与第个正交平面交点的坐标。

测量方法：以激光跟踪仪为测试工具，与轨迹准确度相同的步骤来测量。

9. 运行可靠性

机器人运行可靠性受机械结构、零部件性能、电气部件性能和控制算法等因素影响，也是工业机器人在工业现场应用的重要考核指标。

测试方法：机器人带动额定负载，编制机器人在其工作空间内的一组最大运动路径。开启机器人进行不间断运行，测量机器人的无故障工作时间，并记录运行过程中的故障，形成运行日志报告。

2.6.2 工业机器人性能测试举例

本小节以搬运机器人为例，对工业机器人的指标检测进行详细阐述。主要对指标的第

1 项（关节运动范围）、第 2 项（单轴运动速度）、第 5 项（位置重复精度）和第 8 项（轨迹重复精度）进行检测，这四个指标也是机器人最重要的性能指标。

测试是在机器人零位标定、各项性能调试基本结束后进行。其目的是测试机器人的各项关键性能指标是否满足设计要求，对设计中的性能指标在实施过程中变动的部分给出相应的解释说明，并对机器人的整体性能给出评价。测试将根据国家标准《工业机器人性能测试方法》（GB/T12645—90）进行。

此次测试是在标准安装方式、正常环境条件下进行，具体条件如下：

（1）测量负载：机器人设计额定负载。

（2）测量速度：基准速度（能达到的最大速度）。

（3）测量仪器：FARO 激光跟踪仪及其附件、笔记本电脑、末端工具等。

1. 单轴工作范围测试

（1）设计指标

单轴工作范围由机械部分保证，在建立机器人坐标系后各关节的转动范围可以在工具坐标系下测试得到（见表 2-14）。

表 2-14　各轴设计工作范围

轴号	1	2	3	4	5	6
正最大运动角度 /（°）	180	135	80	360	115	360
负最大运动角度 /（°）	-180	-90	-210	-360	-115	-360
备注	各轴以图 2-9 所示姿态为零位，具体运动方向正负为绕各坐标系所在 z 轴正方向按右手法则确定					

（2）测试方法

在机器人按以上坐标标定好零位以后，运动各轴分别在正反两个方向上到达极限位置记录机器人的运动范围，重复测试 10 次，以 10 次所测结果的平均值作为测试结果，然后整理数据点给出报告。

（3）测试结果

按以上说明，对各轴最大实际运动范围进行测试，所得结果见表 2-15。从测试结果可以看出，机器人六个关节的运动范围要大于机器人的设计指标，为机器人的控制提供了一定的冗余量。

表 2-15　各轴工作范围测试结果

轴号	1	2	3	4	5	6
正最大运动角度（°）	360	155	85	360	180	720
负最大运动角度（°）	-360	-90	-225	-360	-180	-720
备注	各轴以图 2-9 所示姿态为零位，具体运动方向正负为绕各坐标系所在 z 轴正方向按右手法则确定					

2. 单轴速度测试

（1）设计指标

机器人各轴的最大速度由电机的最大转速及各轴的减速比确定，各轴的减速比由机械部分保证。各轴减速比见表 2-16。由于减速比固定，所以各关节轴的速度指标可以通过测试各轴电机的转速得到。

应当注意的是，选定机器人电机后，虽然其理论最大速度可由计算得到，但没有考虑机器人本体和控制特性。机器人在实际运行过程中要考虑负载特性、工作的空间位置和姿态、动作稳定性和柔顺性等因素，因此机器人的电机速度不可能达到其理论最大值。

根据关节最大速度可以确定各轴电机的设计最大转速。各轴设计最大速度与电机最大速度见表 2-17。

表 2-16 各轴减速比

轴号	J1	J2	J3	J4	J5	J6
减速比	98.43	100	80	30.23	81	61

表 2-17 各轴及电机设计最大速度

轴号	J1	J2	J3	J4	J5	J6
最大速度 /[（0）$\cdot s^{-1}$]	165	140	163	230	230	320
设计电机最大转速 /（$r \cdot min^{-1}$）	2706.8	2333.3	2173	1158	3105	3253

（2）测试方法。

根据设计要求对以上速度指标进行测试。测试方法：在额定负载条件下，使被测关节进入稳定工作状态。令机器人被测轴以最大速度做大范围的运动，然后采用驱动器中自带的软件记录各轴的最大运动速度值。重复测试 10 次，以 10 次所测结果的平均值作为测试结果，然后整理数据点给出报告。

（3）测试结果。

各轴转速在以上说明条件下测试完成，测试结果见表 2-18。

表 2-18 各轴速度测试结果

轴号	J1	J2	J3	J4	J5	J6
最大转速（r・min）	3000	2 800	2500	1800	3500	3 600

3. 位置重复精度测试

（1）设计指标。

重复定位精度是机器人的一项重要指标，设计时的指标要求重复定位精度为 ± 0.1mm。

（2）测试方法。

以机器人工作空间最大包容正方体对棱斜平面上五个点（P_1，P_2，P_3，P_4，P_5）作为指令设定位置点（图 2-10）。启动机器人，使其在额定负载条件下进入稳定工作状态。按 $P_1 \rightarrow P_2 \rightarrow P_3 \rightarrow P_4 \rightarrow P_5 \rightarrow P_1$ 的顺序，驱动机器人末端点到达以上各点。分别在上述各点停留一定时间，测出实到位置数据。重复上述步骤 30 次，计算位置重复性。

测试点的选择：在被选择的测试平面对角线上设置五个测试点，指令位置相应地设在这五个点上。P_1 点是对角线交点和正方体中心，P_2 ~ P_5 点到对角线端点的距离为对角线长度 L 的 10% ± 2%。对角线平面及测试点分布如图 2-10 所示。经过对机器人末端工作空间搜索，可得末端工作空间最大内截正方体上顶点坐标，其中和测试点相关的顶点坐标为：C_1（1888.9，-260，1072.46），C_2（1368.9，-260，1 072.46），C（1368.9，260，552，46），C_8（1888.9，260，552.46）。测试点在如图 2-9 所示 0 坐标系下进行，测试点坐标分别为 P_1（2461.02，，-569.5，-180.45），P_2（2282.01，-946.14，115.76），P_3（2074.98，-394.11，108.2），P_4（2635.3，-189.6，-484.2），P_5（2845.2，-744.8-472.7），给定姿态角为（0，-37，180），测试过程中姿态角不发生变化。

（3）测试结果。

按以上方法进行测试，示教机器人到以上五个点逐点进行 30 次测量，具体测量结果见表 2-19。

表 2-19　位置重复精度测试结果

特性	测试点				
	P_1	P_2	P_3	P_4	P_5
D/mm	0.0534	0.0627	0.0519	0.0583	0.0518
Smm	0.0102	0.0110	0.0128	0.0115	0.0138
重复精度 R/mm	0.0840	0.0957	0.0903	0.0928	0.0952

4. 轨迹重复精度测试

（1）设计指标。

轨迹重复精度是机器人进行轨迹运动的一项重要指标，设计时的指标要求轨迹重复精度为 0.2mm。

（2）测试方法。

以机器人工作空间最大包容正方体对棱斜平面上五个点（P_1，P_2，P_3，P_4，P_5）作为指令设定位置点（图 3-10）。启动机器人，使其在额定负载条件下进入稳定工作状态。通过示教使机器人完成 $P_2 \rightarrow P_3$，$P_3 \rightarrow P_4$、$P_4 \rightarrow P_5$ 和 $P_5 \rightarrow P_2$ 之间的直线运动，运动速度分别设定为 1m/s 和 2m/s。分别在上述各点停留一定时间，测出机器人在各个轨迹上的实到位置数据。重复上述步骤 30 次，计算轨迹重复性。

（3）测试结果。

按以上方法进行测试，示教机器人在以上四个点之间进行直线运动，进行 30 次测量，具体测量结果见表 2-20。

表 2-20　轨迹重复精度测试结果

特性	测试点			
	$P_2 \rightarrow P_3$	$P_3 \rightarrow P_4$	$P_4 \rightarrow P_5$	$P_5 \rightarrow P_2$
RT（1m/s）/mm	0.142	0.116	0.098	0.125
RT（2m/s）/mm	0.187	0.168	0.184	0.175

由表 3.24 数据可知，机器人在最大轨迹速度 2m/s 的情况下，各测试轨迹机器人重复定位精度在 0.168~0.187mm 范围内，取最大值 0.187mm 作为机器人重复定位精度指标，满足轨迹重复定位精度设计要求。

项目三　机器人编程与软件

项目概述

工业机器人一般由机器人本体、控制柜和示教编程器组成，使用多轴电缆连接各个控制部分，形成一个完整的机器人系统。在本体上安装有作为机器人执行器的电机，控制箱里装有控制器、驱动器和V0接口卡等。示教编程器作为机器人的人机交互接口，可以进行运动程序的编制和运行，I/0的查看和设置等功能。机器人要求具有较高的重复定位精度和轨迹精度。

为了扩大机器人的应用领域，要求机器人具有简洁的通用编程语言，机器人语言应简单易懂，尽量降低使用者的操作难度。本章针对机器人的编程语言及操作进行阐述。

任务一　机器人编程

任务目标

1. 了解工业机器人变成相关知识。

2. 掌握机器人变成方式。

任务描述

机器人编程就是针对机器人为完成某项作业而进行的程序设计。因此在工业机器人设计过程中，机器人编程有着很重要的作用。

任务实施

3.1.1 工业机器人编程方式

由于国内外尚未制定统一的机器人控制代码标准，因此编程语言也是多种多样的。当前机器人广泛应用于焊接、装配、搬运、喷涂及打磨等领域，任务的复杂程度不断增加，而用户对产品的质量、效率的追求越来越高。在这种情况下，机器人的编程方式、编程效率和质量显得越来越重要。降低编程的难度和工作量，提高编程效率，实现编程的自适应性，从而提高生产效率，是机器人编程技术发展的目标之一。目前，在工业生产中应用的机器人，其主要编程方式有以下几种形式：

1. 在线编程

在线编程也称为示教方式编程，示教方式是一项成熟的技术，易于被操作者所熟悉掌握，而且用简单的设备和控制装置即可完成。示教时，通常由操作人员通过示教盒控制机械手工具末端到达指定的位置和姿态，记录机器人位姿数据并编写机器人运动指令，完成机器人在正常加工中的轨迹规划、位姿等关节数据信息的采集与记录。

示教盒示教具有在线示教的优势，操作简便、直观。示教盒主要有编程式和遥感式两种。例如，采用机器人对汽车车身进行点焊，首先由操作人员控制机器人达到各个焊点，对各个点焊轨位置进行人工示教，在焊接过程中通过示教再现的方式，再现示教的焊接轨迹，从而实现车身各个位置的各个焊点的焊接。但在焊接中车身的位置很难保证每次都完全一样，故在实际焊接中，通常还需要增加激光传感器等对焊接路径进行纠偏和校正。常用的辅助示教工具包括激光传感器、视觉传感器、力觉传感器和专用工具等。

示教方式编程具有以下缺点：

（1）机器人的控制精度依赖于操作者的技能和经验。

（2）难以与外部传感器的信息相融合。

（3）不能用于某些危险的场合。

（4）在操作大型机器人时，必须考虑操作者的安全性。

（5）难以与其他操作同步。

2. 离线编程

离线编程是指用机器人程序语言预先进行程序设计，而不是用示教的方式编程，离线编程适合于结构化环境。与在线编程相比，离线编程具有如下优点：

（1）减少停机的时间，当对下一个任务进行编程时，机器人仍可在生产线上工作。

（2）使编程者远离危险的工作环境，改善编程环境。

（3）使用范围广，可以对各种机器人进行编程，并能方便地实现优化编程。

（4）便于和 CAD/CAM 系统结合，做到 CAD/CAM/ROBOTICS 一体化。

（5）可使用高级计算机编程语言对复杂任务进行编程。

（6）便于修改机器人程序。

机器人离线编程是利用计算机图形学的成果，通过对工作单元进行三维建模，在仿真环境中建立与现实工作环境对应的场景，采用规划算法对图形进行控制和操作，在不使用实际机器人的情况下进行轨迹规划，进而产生机器人程序。

离线编程软件的功能一般包括几何建模功能、基本模型库、运动学建模功能、工作单元布局功能、路径规划功能、自动编程功能、多机协调编程与仿真功能。目前市场上常用的离线编程软件有：加拿大 RobotSimualtion 公司开发的 Workspace 离线编程软件；以色列 Tecnomatix 公司开发开的 ROBCAD 离线编程软件；美国 DenebRobotics 公司开发的 IGRIP 离线编程软件；ABB 机器人公司开发的基于 Windows 操作系统的 RobotStudio

离线编程软件。此外，日本安川公司开发了 MotoSim 离线编程软件，FANUC 公司开发了 Roboguide 离线编程软件，可对系统布局进行模拟，确认 TCP 的可达性，是否干涉，也可进行离线编程仿真，然后将离线编程的程序仿真确认后下载到机器人中执行。

值得注意的是，在离线编程中，所需的补偿机器人系统误差、坐标数据很难得到，因此在机器人投入实际应用前，需要再做调整。另外，目前市场上的离线编程软件还没有一款能够完全覆盖离线编程的所有流程，而是几个环节独立存在的。对于复杂结构的弧焊，离线编程环节中的路径标签建立、轨迹规划、工艺规划是非常繁杂耗时的。拥有数百条焊缝的车身要创建路径标签，为了保证位置精度和合适的姿态，操作人员可能要花费数周的时间。尽管把像碰撞检测、布局规划和耗时统计等功能已包含在路径规划和工艺规划中，但到目前为止，还没有离线编程软件能够提供真正意义上的轨迹规划，而工艺规划则依赖于编程人员的工艺知识和经验。

3. 自主编程

自主编程是指机器人借助外部传感设备对工作轨迹自动生成或自主调整的编程方式。随着技术的发展，各种跟踪测量传感技术日益成熟，人们开始研究以加工工件的测量信息为反馈，由计算机控制工业机器人进行加工路径的自主示教技术。自主编程主要有以下几种:

（1）基于激光结构光的自主编程。

基于结构光的路径自主规划，其原理是将结构光传感器安装在机器人的末端，形成“眼在手上”的工作方式。利用焊缝跟踪技术逐点测量焊缝的中心坐标，建立起焊缝轨迹数据库，在焊接时作为焊枪的运动路径。

（2）基于双目视觉的自主编程。

基于双目视觉的自主编程是实现机器人路径自主规划的关键技术。其主要原理是：在一定条件下，由主控计算机通过视觉传感器沿焊缝自动跟踪，采集并识别焊缝图像，计算出焊缝的空间轨迹和方位（即位姿），并按优化焊接要求自动生成机器人焊枪的位姿参数。

（3）多传感器信息融合的自主编程。

有研究人员采用力传感器、视觉传感器及位移传感器构成一个高精度自动路径生成系统。该系统集成了位移、力及视觉控制，引人视觉伺服，可以根据传感器反馈信息来执行动作。该系统中机器人能够根据记号笔所绘制的线自动生成机器人路径，位移控制器用来保持机器人 TCP 点的位姿，视觉传感器用来使得机器人自动跟随曲线，力传感器用来保持 TCP 点与工件表面距离恒定。

（4）基于增强现实的编程技术。

增强现实技术源于虚拟现实技术，是一种实时地计算摄像机影像的位置及角度并加上相应图像的技术。这种技术的目标是在屏幕上把虚拟世界套在现实世界并互动，增强现实技术使得计算机产生的三维物体融合到现实场景中，加强用户同现实世界的互动。将增强现实技术用于机器人编程具有革命性意义。

增强现实技术融合了真实的现实环境和虚拟的空间信息，它在现实环境中发挥了动画仿真的优势，并提供了现实环境与虚拟空间信息的交互通道。例如，一台虚拟的飞机清洗机器人模型被应用于按比例缩小的飞机模型。控制虚拟的机器人针对飞机模型沿着一定的轨迹运动，进而生成机器人程序，之后对现实机器人进行标定和编程。

基于增强现实的机器人编程技术（RPAR）能够在虚拟环境中没有真实工件模型的情况下进行机器人离线编程。由于能够将虚拟机器人添加到现实环境中，所以当需要原位接近时，该技术是一种非常有效的手段，这样能够避免在标定现实环境和虚拟环境中可能碰到的技术难题。增强现实编程的架构由虚拟环境、操作空间、任务规划以及路径规划的虚拟机器人仿真和现实机器人验证等环节组成。该编程技术能够发挥离线编程技术的内在优势，如减少机器人的停机时间、安全性好、操作便利等。由于基于增强现实的机器人编程技术采用的策略是路径免碰撞、接近程度可缩放，所以该技术可以用于大型机器人的编程，而在线编程技术则难以做到。

综上所述，在线编程方式简单易学，适合应用于复杂度低、工件几何形状简单的场合；离线编程方式适合加工任务复杂的场合，如复杂的空间曲线、曲面等；而自主编程或辅助示教则大大提高了机器人的适应性，代表了编程技术的发展趋势。

在未来，离线编程技术将会得到进一步发展，并与CAD/CAM、视觉技术、传感技术、互联网、大数据、增强现实等技术深度融合，自动感知、辨识和重构工件及加工路径等，实现路径的自主规划、自动纠偏和自适应环境。

3.1.2 工业机器人编程语言的要求和类别

机器人编程语言是一种程序描述语言，它能简洁地描述工作环境和机器人的动作，把复杂的操作内容通过简单的程序来实现。机器人编程语言也和一般的程序语言一样，具有结构简明、概念统一、容易扩展等特点。考虑操作人员的方便性，机器人编程语言不仅要简单易学，而且要具有良好的对话性。

从描述操作指令的角度来看，机器人编程语言的水平可以分为动作级语言、对象级语言及任务级语言。

（1）动作级语言。

动作级语言以机器人末端操作器的动作为中心来描述各种操作，要在程序中说明每个动作，这是一种最基本的描述方式。

（2）对象级语言。

对象级语言允许较粗略地描述操作对象的动作、操作对象之间的关系等。使用这种语言时，必须明确地描述操作对象之间和机器人与操作对象之间的关系，比较适用于装配作业。

（3）任务级语言。

任务级语言只要直接指定操作内容即可，为此，机器人必须具有思考能力，这是一种水平很高的机器人程序语言。

到目前为止，已经有多种机器人语言，其中有的是研究室里的实验语言，有的是实用的机器人语言。目前，常用的机器人语言见表 3-1。

表 3-1 常用的机器人语言

序号	语言名称	国家	研究单位	说明
1	AL	美国	Stanford Artificial Intelligence Laboratory	机器人动作及对象描述，机器人语言开始
2	AUTOPASS	美国	IBM Watson Research Laboratory	组装机器人语言
3	LAMA-S	美国	MIT	高级机器人语言
4	VAL	美国	Unimation	PUMA 机器人语言
5	RIAL	美国	AUTOMATIC	视觉传感器机器人语言
6	WAVE	美国	Stanford Artificial Intelligence Laboratory	配合视觉传感器的机器人手、眼协调控制
7	DIAL	美国	Charles Stark Draper Laboratory	具有 RCC 顺应性手腕控制的特殊指令
8	RPL	美国	Stanford Artificial Intelligence Laboratory	可与 Unimation 机器人操作程序结合
9	REACH	美国	Bendix Corporation	适用于两臂协调作业
10	MCL	美国	McDonnell Douglas	可编程机器人、NC 机床、摄像机及控制的计算机综合制造用语言
11	INDA	美国英国	SRI International and Philips	类似 RTL/2 编程语言的子集，具有使用方便的处理系统
12	RAPT	英国	University of Edinburgh	类似 NC 语言的 APT
13	LM	法国	Artificial Intelligence Group of IMAG	类似 PASCAL，数据类似 AL
14	ROBEX	德国	Machine Tool Laboratory TH Archen	具有与 NC 语言 EXAPT 相似的脱机编程语言
15	SIGLA	意大利	Olivetti	SIGMA 机器人语言
16	MAL	意大利	Milan Polytechnic	两臂机器人装配语言，方便，易于编程
17	SERF	日本	三协精机	SKILAM 装配机器人语言
18	PLAW	日本	小松制作所	RW 系统弧焊机器人语言
19	IML	日本	九州大学	动作级机器人语言

6.1.3HIT-3KGTR 编程语言应用

各个生产厂家对机器人的编程语言各不相同，本小节以哈尔滨工业大学机器人研究所研制的 HIT-3KGTR 型机器人为例，对机器人的编程语言进行介绍。

1.HITSOFT 编程命令

HIT-3KGTR 型机器人采用 HITSOFT 编程语言，其常用的基本命令见表 3-2~3-7。

表 3-2 动作指令

动作格式	MoveJ	机器人空间点到点运动操作
	MoveL	机器人空间直线运动
	MoveC	机器人做圆弧动作
位置变量	P[i]	用于存储位置数据的标准变量
进给率单位	%	表明进给率和机器人最大进给率的比例
	mm/s	表明采用工具尖端以做直线形或圆形动作的速度
定位路径	F	机器人停止在指定位置，开始下一个动作
	C[0-100]	机器人从制订位置逐渐移到下一个动作开始的位置。标定编号越高，机器人移动越平滑
位置偏移	OffSet（x，y，z）	把机器人移动到被添加到位置变量里的偏移环境指令标定值的位置

表 3-3 寄存器和 VO 指令

寄存器	V[i] i：1 到 100	i：寄存器编号
位置寄存器	P[i]	机器人的一个位置数据元素
	i：1 到 100	i：位置寄存器编号
输入／输出信号	DI[i]	输入数字信号
	DO[i]	输出数字信号

表 3-4 条件分支指令

比较环境条件	IF（环境条件）	表示一个比较环境条件和程序分支所在的指令或程序。可使用算子来连接（环境条件）
	（分支）	
	else if	
	else	
	endif	
选择环境条件	SWITCH V[i]=	表示一个比较环境条件和程序分支所在的指令或程序
	（值）（分支）	
	CASE（值）	
	ENDSWITCH	

表 3-5 等待指令

等待	WAIT< 环境条件 > DELAY< 时间 > WHILE	等待直到环境条件被满足或是指定时间结束，可使用算子来连接（环境条件） 延时控制指令， 等待直到环境条件被满足结束循环

表 3-6 无条件分支指令

标号	LB[i]	表明程序分支指令
	JPLB[i]	在指定编号引发分支
程序调用	CALL（程序名）	在指定程序引发分支
程序结束	END	结束程序，返回控制给调用的程序

表 3-7 程序控制指令

中断	HOLD	中断程序

2. 编写任务程序

如图 3-1 所示，为了完成搬运工件的任务，机器人操作者应掌握程序的编写格式和步骤，熟悉示教编程器的操作以及示教方法。

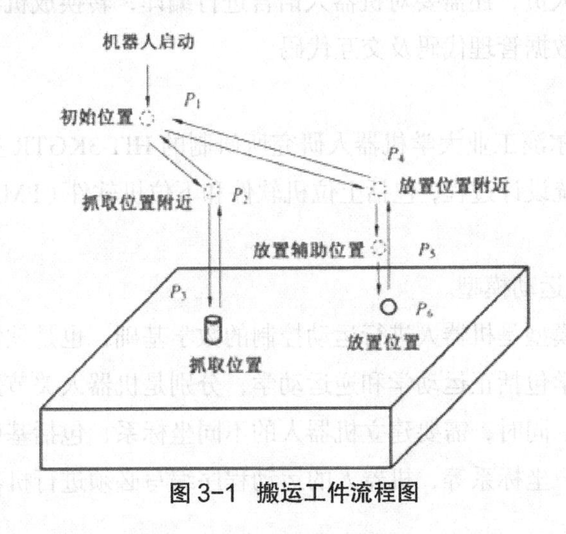

图 3-1　搬运工件流程图

分析搬运工件的布置图，确定机器人移动轨迹和各工位位置，可进行运动指令和逻辑指令编写。搬运操作程序指令见表 3-8。

表 3-8 搬运操作程序指令

序号	命令	注释
1	MoveJ P[1] 50% F	移到初始位置
2	MoveJ P[2] 50% F	移到抓取位置附近（抓取前）
3	MoveJ P[3] 50 mm/s F	移到抓取位置
4	DO[1]=1	抓取工件
5	DELAY 500	等待抓取工件结束
6	MoveJ P[2] 50% F	移到抓取位置附近（抓取后）
7	MoveJ P[1] 50 mm/s F	移到初始位置
8	MoveJ P[4] 50% F	移到放置位置附近（放置前）
9	MoveJ P[5] 50 mm/s F	移到放置辅助位置
10	MoveJ P[6] 50 mm/s F	移到放置位置
11	DO[1]=0	放置工件
12	DELAY 500	等待放置工件结束
13	MoveJ P[4] 50 mm/s F	移到放置位置附近（放置后）
14	MoveJ P[1] 50% F	移到初始位置
15	END	结束

任务二　机器人软件设计

任务目标

1. 了解机器人软件设计相关知识。

2. 掌握机器人软件设计的设计过程。

3. 掌握工业机器人软件设计的算法。

任务描述

作为机器人设计人员，还需要对机器人语言进行编译，转换成机器人控制系统能够识别的驱动控制代码、数据管理代码及交互代码。

任务实施

本部分内容以哈尔滨工业大学机器人研究所研制的 HIT-3KGTR 型机器人为例，详细介绍机器人的软件系统设计过程，包括上位机软件和下位机软件（PMAC 运动控制软件）。设计过程如下：

（1）建立机器人运动模型。

机器人的运行学模型是机器人进行运动控制的数学基础，也是软件设计人员必须考虑的因素。机器人运动学包括正运动学和逆运动学，分别是机器人关节角度和机器人末端位姿的正映射和逆映射。同时，需要建立机器人的不同坐标系，包括基础坐标系、关节坐标系、工具坐标系和用户坐标系等，机器人的运动程序编写必须进行机器人相关坐标系的转换和计算。

（2）上位机软件系统

上位机软件主要完成机器人和操作者的人机交互功能，处理操作者的控制指令，显示机器人运行状态等。一般来说，机器人的上位机软件应具有程序编辑、数据管理、VO 端口控制、系统功能设置和机器人运动等相关功能模块。并且机器人软件应具有与机器人下位控制器、机器人手控盒和其他外部装置的通信功能，并且具有较高的实时性。

（3）下位机软件系统。

下位机软件系统主要完成机器人的运动控制和外部 VO 端口控制工作，是机器人运动控制的核心部件。下位机软件应具有更高的实时性，能够实时监测机器人的运行状态，并与上位机软件相连接。

3.2.1 运动学分析

机器人运动学主要研究各关节变量与末端位姿之间的关系，为了描述各关节与末端之间移动或者转动的关系，本小节采用 DH 参数法建立机器人的运动学模型。DH 参数法由 Denavit 和 Hartenberg 提出，它是通过在机器人关节链的每个杆件上建立坐标系，通过矩阵的齐次变换来描述相邻两连杆的空间位置关系，来建立机器人操作臂的运动学方程，也是机器人模型建立的有效方法。机器人相邻两连杆之间的变换矩阵公式为：

$$^{i=1}T_i = Rot(z,\theta_i)Trasns(0,0,d_i)Trans(a_i,0,0)Rot(x,a_i)$$

这样，通过式（6.1）可计算得到机器人的相邻连杆之间的变换矩阵 T，的一般表达式为：

$$^{i=1}T_i = \begin{bmatrix} \cos\theta_i & -\cos\alpha_i\sin\theta_i & \sin\alpha_i\sin\theta_i & a_i\cos\theta_i \\ \sin\theta_i & \cos\alpha_i\cos\theta_i & -\sin\alpha_i\cos\theta_i & a_i\sin\theta_i \\ 0 & \sin\alpha_i & \cos\alpha_i & d_i \\ 0 & 0 & 0 & 1 \end{bmatrix}$$

1. 机器人模型简图

机器人的运动学是忽略机器人运动时的受力情况，只研究机器人在运动状态下各关节的位置、速度、加速度等相关特性。机器人的运动空间分析是在机器人运动学方程求解的基础上，分析机器人末端操作器原点在空间中可达到的位置及运动过程中可能遇到的奇异位置，它是机器人设计和运动控制中必须考虑的关键问题，HIT-3KGTR 机器人的运动结构如图 3-2 所示。其中，（$x_0y_0z_0$）为基础坐标系，建立在机器人的底部安装本体上；（$x_iy_iz_i$）$_{i=1,\ 2,\ \ldots,\ 6}$ 为机器人相应各关节坐标系，分别建立在各个关节处；（$x_Ty_Tz_T$）为工具坐标系，建立在机器人的末端法兰盘上。

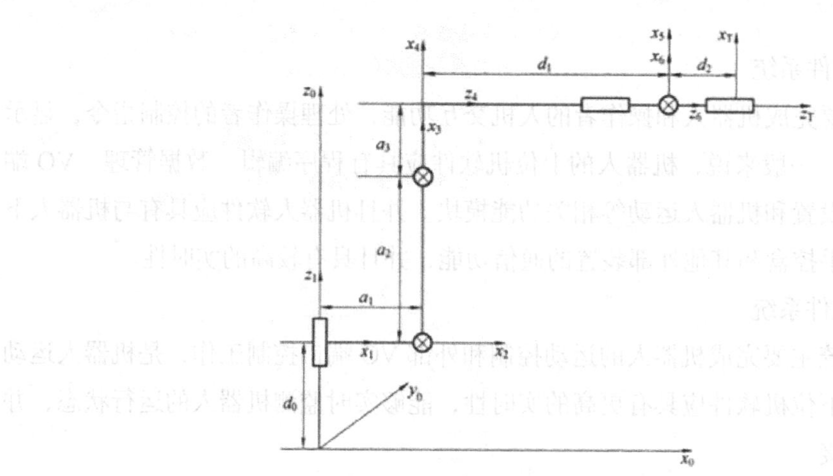

图 3-2 机器人机构简图及运动坐标系

应当注意的是，在图 3-2 所示的机器人运动简图中，各关节坐标系应严格按照 DH 参数法的原则，要充分考虑各坐标各轴的方向，否则不能得到 DH 参数。同时，对于式（6.1）的矩阵相乘顺序应严格按照 DH 参数法，根据 DH 参数法，机器人各关节之间的坐标变换是相对于动坐标系而实现的，因此式（6.1）采用右乘的方法得到。

根据机器人运动模型，可得到该工业机器人的 DH 参数，见表 3-9。

表 3-9 机器人 DH 参数表

连杆	变量 /（°）	d/mm	a/mm	α /（°）	运动范围 /（°）
1	θ_1	d_0	a_1	-90	-180 ~ 180
2	θ_2（-90）	0	a_2	0	-60~80
3	θ_3	0	a_3	-90	-210~70
4	θ_4	d_1	0	90	-360~360
5	θ_5	0	0	-90	-107-107
6	θ_6	d_2	0	0	-720~720

2. 运动学正解算法

已知各个关节的转动角度，求取机器人工具端 O_T 的姿态和位置，即为机器人的正解。用坐标变换来描述从坐标系 0 到 T 的变换。从坐标系 1 到坐标系 0 的变换矩阵为 ${}^0T_1$。依次类推为 ${}^1T_2$，${}^2T_3$，${}^3T_4$，${}^4T_5$ 和 ${}^5T_6$。从而可以得到从坐标系 6 到坐标系 0 的变换矩阵 ${}^0T_6$。，从坐标系 T 到坐标系 0 的变换矩阵为 ${}^0T_T={}^0T_6{}^6T_T$。

$$
{}^{0}T_{1}=\begin{bmatrix}1&0&0&0\\0&1&0&0\\0&0&1&d_0\\0&0&0&1\end{bmatrix},\ {}^{1}T_{2}=\begin{bmatrix}\cos\theta_1&0&-\sin\theta_1&a_1\cos\theta_1\\\sin\theta_1&0&\cos\theta_1&a_1\sin\theta_1\\0&-1&1&0\\0&0&0&1\end{bmatrix}
$$

$$
{}^{2}T_{3}=\begin{bmatrix}\sin\theta_2&\cos\theta_2&0&a_2\cos\theta_2\\-\cos\theta_2&\sin\theta_2&0&-a_2\cos\theta_2\\0&0&1&d_0\\0&0&0&1\end{bmatrix},\ {}^{3}T_{4}=\begin{bmatrix}\cos\theta_3&0&-\sin\theta_3&a_3\cos\theta_3\\\sin\theta_3&1&\cos\theta_3&a_3\sin\theta_3\\0&-1&0&0\\0&0&0&1\end{bmatrix}
$$

$$
{}^{4}T_{5}=\begin{bmatrix}\cos\theta_4&0&\sin\theta_4&0\\\sin\theta_4&1&-\cos\theta_4&0\\0&1&0&d_1\\0&0&0&1\end{bmatrix},\ {}^{5}T_{6}=\begin{bmatrix}\cos\theta_5&0&-\sin\theta_5&0\\\sin\theta_5&0&\cos\theta_5&0\\0&-1&0&0\\0&0&0&1\end{bmatrix}
$$

$$
{}^{6}T_{T}=\begin{bmatrix}\cos\theta_6&-\sin\theta_6&0&0\\\sin\theta_6&\cos\theta_6&0&0\\0&0&1&d_2\\0&0&0&1\end{bmatrix}
$$

机器人的运动模型是由以上 7 个坐标变换矩阵相乘得到，由此可得到机器人的运动学模型为：

$$
{}^{0}T_{T}={}^{0}T_{1}\,{}^{1}T_{2}\,{}^{2}T_{3}\,{}^{3}T_{4}\,{}^{4}T_{5}\,{}^{5}T_{6}\,{}^{6}T_{T}=\begin{bmatrix}n_x&o_x&a_x&p_x\\n_y&o_y&a_y&p_y\\n_z&o_z&a_z&p_z\\0&0&0&1\end{bmatrix}
$$

其中

$$
\begin{aligned}
n_x&=\{[\cos\theta_1\sin(\theta_2+\theta_3)\cos\theta_4+\sin\theta_1\sin\theta_4]\cos\theta_5+\cos\theta_1\cos(\theta_2+\theta_3)\sin\theta_5\}\cos\theta_6+\\
&\quad[-\cos\theta_1\sin(\theta_2+\theta_3)\sin\theta_4+\sin\theta_1\cos\theta_4]\sin\theta_6\\
n_y&=\{[\sin\theta_1\sin(\theta_2+\theta_3)\cos\theta_4-\cos\theta_1\sin\theta_4]\cos\theta_5+\sin\theta_1\cos(\theta_2+\theta_3)\sin\theta_5\}\cos\theta_6+\\
&\quad[-\sin\theta_1\sin(\theta_2+\theta_3)\sin\theta_4-\cos\theta_1\cos\theta_4]\sin\theta_6\\
n_z&=[\cos(\theta_2+\theta_3)\cos\theta_4\cos\theta_5-\sin(\theta_2+\theta_3)\sin\theta_5]\cos\theta_6+\cos(\theta_2+\theta_3)\cos\theta_4\sin\theta_6\\
o_x&=-\{[\cos\theta_1\sin(\theta_2+\theta_3)\cos\theta_4+\sin\theta_1\sin\theta_4]\cos\theta_5+\cos\theta_1\cos(\theta_2+\theta_3)\sin\theta_5\}\sin\theta_6+\\
&\quad[-\cos\theta_1\sin(\theta_2+\theta_3)\sin\theta_4+\sin\theta_1\cos\theta_4]\sin\theta_6\\
o_y&=-\{[\sin\theta_1\sin(\theta_2+\theta_3)\cos\theta_4-\cos\theta_1\sin\theta_4]\cos\theta_5+\sin\theta_1\cos(\theta_2+\theta_3)\sin\theta_5\}\sin\theta_6+\\
&\quad[-\sin\theta_1\sin(\theta_2+\theta_3)\sin\theta_4-\cos\theta_1\cos\theta_4]\sin\theta_6\\
o_z&=-[\cos(\theta_2+\theta_3)\cos\theta_4\cos\theta_5-\sin(\theta_2+\theta_3)\sin\theta_5]\sin\theta_6-\cos(\theta_2+\theta_3)\sin\theta_4\cos\theta_6\\
a_x&=-[\cos\theta_1\sin(\theta_2+\theta_3)\cos\theta_4-\sin\theta_1\sin\theta_4]\sin\theta_5+\cos\theta_1\cos(\theta_2+\theta_3)\cos\theta_5\\
a_y&=-[\sin\theta_1\sin(\theta_2+\theta_3)\cos\theta_4-\cos\theta_1\sin\theta_4]\sin\theta_5+\sin\theta_1\cos(\theta_2+\theta_3)\cos\theta_5
\end{aligned}
$$

$a_z = -\cos(\theta_2+\theta_3)\cos\theta_4\sin\theta_5 - \sin(\theta_2+\theta_3)\cos\theta_5$

$p_x = \{-[\cos\theta_1\sin(\theta_2+\theta_3)\cos\theta_4 + \sin\theta_1\sin\theta_4]\sin\theta_5 + \cos\theta_1\cos(\theta_2+\theta_3)\cos\theta_5\}d_2 +$
$d_1\cos\theta_1\cos(\theta_2+\theta_3) + a_3\cos\theta_1\sin(\theta_2+\theta_3) + a_2\sin\theta_1\sin\theta_2 + a_1\cos\theta_1$

$p_y = \{-[\sin\theta_1\sin(\theta_2+\theta_3)\cos\theta_4 - \cos\theta_1\sin\theta_4]\sin\theta_5 + \sin\theta_1\cos(\theta_2+\theta_3)\cos\theta_5\}d_2 +$
$d_1\cos\theta_1\cos(\theta_2+\theta_3) + a_3\sin\theta_1\sin(\theta_2+\theta_3) + a_2\sin\theta_1\sin\theta_2 + a_1\sin\theta_1$

$p_z = -[\cos(\theta_2+\theta_3)\cos\theta_4\cos\theta_5 - \sin(\theta_2+\theta_3)\cos\theta_5]d_2 - d_1\sin(\theta_2+\theta_3) +$
$a_3\cos(\theta_2+\theta_3) + a_2\cos\theta_2 + d_0$

3. 运动学逆解计算

已知机器人末端的位置和姿态，求得各个关节的转角就是机器人的逆解，本小节将采用几何法和解析法相结合的方法进行求解。根据表 6.9 可知各机械臂转动范围为：$\theta_1 \in$（-180°，180°），$\theta_2 \in$（-60°，+80°），$\theta_3 \in$（-210°，+70°），$\theta_4 \in$（-360°，+360°），$\theta_5 \in$（-107°，+107°），$\theta_{6*} \in$（-720°，+720°）。

设腕部的第 5 坐标系在基础坐标系中的位置为（x_p，y_p，z_p），则 x_p，y_p，z_p 可以通过 T 系和变换 ${}^6T_T$ 得到，可以求得腕部关节处 ${}^0T_6$ 的位姿矩阵，即 ${}^0T_6={}^0T_T({}^6T_T)^{-1}$，利用这个关系可以得到 x_p，y_p，z_p。

第一步：求 1 个关节角。

从几何关系中可以求得腰部旋转角度为：

$\theta_1 = \arctan 2(y_p, x_p)$

还有一个解为：

$\theta_1 = \pi + \arctan 2(y_p, x_p)$

考虑到第 4 个关节的转动范围为 ±180°，所以它存在两个解。

第二步：求解第 2 个关节角。

在得到第 1 个关节角后，仅考虑第 1 关节一种解的情况，腕部在第 2 坐标系的位置为：

$$\begin{bmatrix} {}^2x_p \\ {}^2y_p \\ {}^2z_p \\ 1 \end{bmatrix} = {}^2T_0 \begin{bmatrix} x_p \\ y_p \\ z_p \\ 1 \end{bmatrix}$$

其中，${}^2T_0=({}^0T_2)^{-1}$。

$$\theta_b = \pm\arccos\left(\frac{l_1^2 + l_2^2 - l_3^2}{2l_1l_2}\right)$$

式中，l_1 和 l_3 可由机器人的机械结构尺寸得到，$l_2 = \sqrt{{}^2x_p^2 + {}^2y_p^2 + {}^2z_p^2}$。

另一个角度为：

$$\theta_b = \arctan 2({}^2y_p, {}^2x_p)$$

于是第 2 个关节角为：

$$\theta_2 = \theta_b - \theta_a$$

显然这个值有两个解。第 2 个关节的转动范围为 -60°　~ +80°　。

第三步：第 3 个关节角求解。

先求初始角度：

$$\theta_c = \pi - \arctan(\frac{d_1}{a_3})$$

$$\theta_d = \arccos(\frac{l_1^2 + l_3^2 - l_2^2}{2l_1l_3})$$

从而得到角度为：

$$\theta_3 = -(\theta_d - \theta_c)$$

另一个解为：

$$\theta_3 = -[2\pi - (\theta_d + \theta_c)]$$

这个关节的转动范围为 -210°　~+70°　。

第四步：第 4~6 个关节角求解。

关于其余旋转角度的解，则比较简单，即：

$${}^0T_T = {}^0T_1\,{}^1T_2\,{}^2T_3\,{}^3T_4\,{}^4T_5\,{}^5T_6\,{}^6T_T$$

$${}^4T_T = ({}^3T_4)^{-1}({}^2T_3)^{-1}({}^1T_2)^{-1}({}^0T_T)^{-1} \bullet {}^0T_T = {}^4T_5\,{}^5T_6\,{}^6T_7$$

而这个变换矩阵计算结果为：

$${}^4T_T = \begin{bmatrix} c\theta_4c\theta_5c\theta_6 - s\theta_4s\theta_6 & -c\theta_4c\theta_5s\theta_6 - s\theta_4c\theta_6 & -c\theta_4s\theta_5 & 0 \\ s\theta_4c\theta_5c\theta_6 + c\theta_4s\theta_6 & -s\theta_4c\theta_5c\theta_6 + c\theta_4c\theta_6 & -s\theta_4s\theta_5 & 0 \\ s\theta_5c\theta_6 & -s\theta_5c\theta_6 & c\theta_5 & 0 \\ 0 & 0 & 0 & 1 \end{bmatrix}$$

同时假设

$${}^4T_T = ({}^3T_4)^{-1}({}^2T_3)^{-1}({}^1T_2)^{-1}({}^0T_1)^{-1} \bullet {}^0T_T = \begin{bmatrix} n_x & o_x & a_x & 0 \\ n_y & o_y & a_y & 0 \\ n_z & o_z & a_z & 0 \\ 0 & 0 & 0 & 1 \end{bmatrix}$$

根据式（6.15）中对应元素相等的原则如下：

考虑到$\theta_5 = \pm\arccos(a_z)$的取值范围，当$\theta_5 \neq 0$时，有

$$\theta_4 = \arctan 2(-\frac{a_y}{\sin\theta_5}, \frac{a_x}{\sin\theta_5})$$

$$\theta_6 = \arctan 2(-\frac{a_z}{\sin\theta_5}, \frac{n_z}{\sin\theta_5})$$

当 $\theta_5 = 0$时，取$\theta_4 = 0$，$\theta_6 = \arctan 2(-o_x, n_x)$或$\theta_6 = \arctan 2(-n_y, -o_y)$。其中，第 4~6 个关节角度范围分别为 ±360°，±107°，±720°。

3.2.2 上位机软件设计

HIT-3KGTR 机器人的 PC 机软件系统以 Windows 操作系统为软件环境，利用面向对象的编程语言 VC++6.0 开发而成，是一个多任务处理控制软件。由于控制系统硬件采用“PC 机 + 运动控制卡”的主从分布式结构体系，因此在控制系统软件设计时，依据软件工程的思想进行总体设计。控制系统的软件结构包括五大模块，即代码编译模块、运动控制模块、人机界面模块、辅助功能模块及逻辑控制模块，如图 3-3 所示。

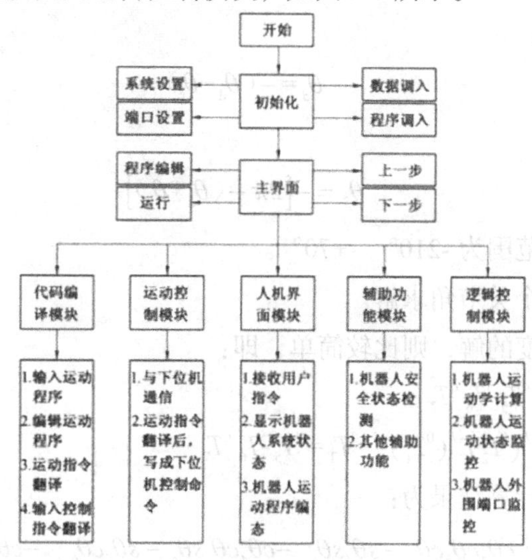

图 3-3 软件结构图

编写机器人程序软件时主要考虑以下因素：

（1）稳定性。软件具有查错、排错和报警功能，增加安全防护功能，提高程序运行的稳定性。

（2）模块化。程序按模块化、分层次设计，结构清晰；各功能模块相对独立，便于调试和编写；并且在保证系统性能的前提下，使操作界面美观、简洁和实用。

（3）扩展性。程序每个模块具有开放接口和功能增加接口，便于软件更新和升级。

人机交互界面系统功能分为程序、数据 I/O、设置和运动五个部分。程序设计按照五个功能模块进行设计，在每个模块下设计程序实现子模块功能。这样，设计的机器人软件各模块功能如下：

1. 初始化模块

初始化模块是机器人启动时，需要进行预先设置的部分，包括系统设置、数据调入、端口设置和程序调入等，如图 3-4 所示。在初始化完毕后，机器人进入系统主界面，等待系统的外部指令。

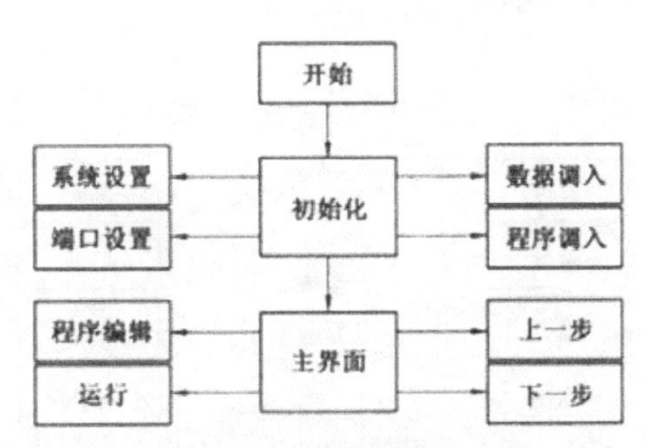

图 3-4　初始化模块结构图

2. 数据模块

数据模块是机器人的位置变量和逻辑变量的管理部分。机器人在程序编写时需要进行相应的变量控制，包括逻辑变量的创建、赋值和判断，位置变量的创建、赋值等编辑和控制，如图 3-5 所示。

同时在机器人示教过程中，结合机器人的运动模块能够通过手控盒按键自动记录机器人的当前位置和姿态。

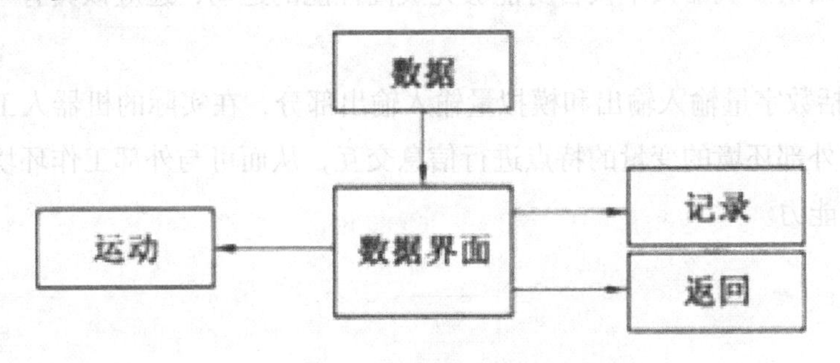

图 3-5　数据模块结构图

3. 程序模块

程序模块（图 3-6）是机器人启动完毕进入主界面后的操作模块，实现程序选择、新建、复制、删除、修改和程序内容编辑等功能。其中程序指令输入部分和程序编译部分是该模块的核心，前者完成机器人运动程序（运动指令、逻辑指令和端口操作指令）的编写和编辑；后者则对运动程序进行编译工作，把机器人语言翻译成系统硬件能够识别的指令语言，是软件的底层部分。

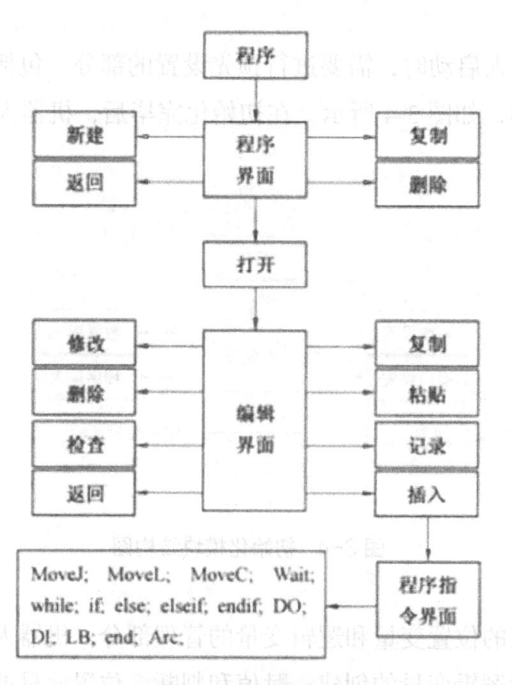

图 3-6 程序模块结构图

4.VO 模块

VO 模块（图 3-7）是机器人的外部端口管理部分，也是机器人能够在自动化设备中使用的一个重要因素。机器人不仅自身能够完成高性能的运动，还应该具有与外部环境进行交互的能力。

VO 模块包括数字量输入输出和模拟量输入输出部分，在实际的机器人工作单元中，机器人能够利用外部环境的变量的特点进行信息交互，从而可与外部工作环境相融合，实现机器人的运动能力。

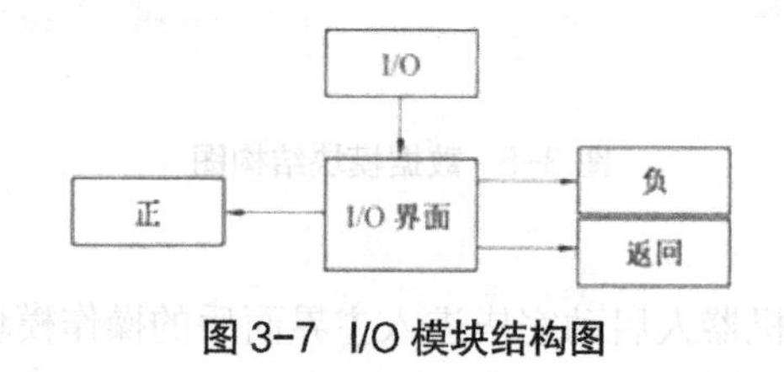

图 3-7 I/O 模块结构图

5. 设置模块

设置模块（图 3-8）是机器人的辅助管理部分，此部分可对机器人系统进行密码设置（不同用户密码管理）、坐标系设置（坐标系切换、用户坐标系创建、工具坐标系设置等）、语言切换、用户设置（用户创建、删除和用户登录）、报警设置和处理等功能。

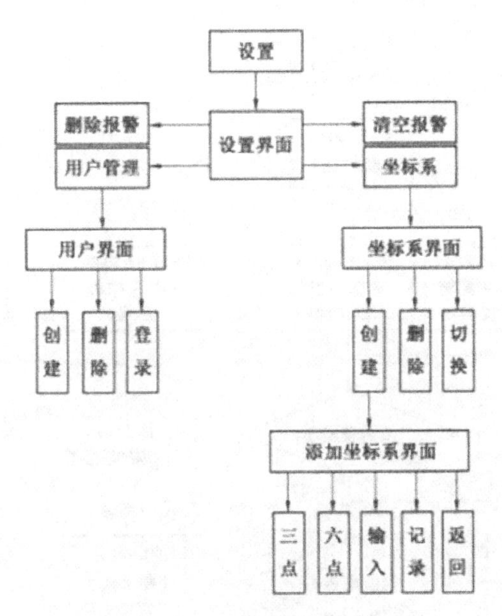

图 3-8　设置模块结构图

6. 运动模块

运动模块（图 3-9）是机器人的运动控制模块，也是机器人软件的核心部分。运动模块包括机器人的单关节运动和基础坐标系的多轴联动，其运动控制可由机器人的手控盒和程序控制。同时，在运动模块可进行速度设置、运动坐标系切换和机器人归零位等控制功能。

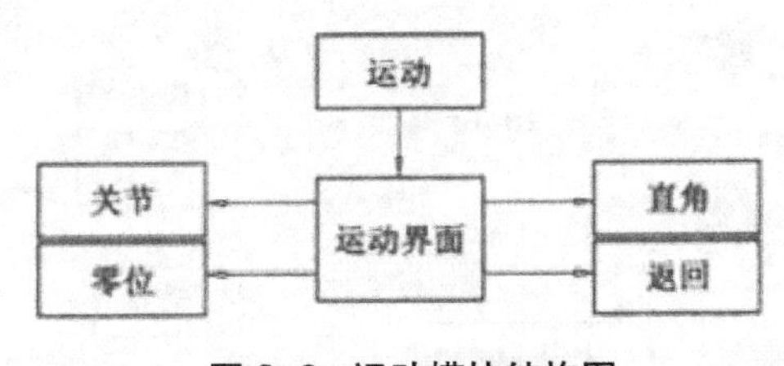

图 3-9　运动模块结构图

3.2.3 下位机软件设计

机器人的下位机控制器采用 PMAC 可编程控制器，它是一个拥有高性能伺服运动控制器的系列，通过灵活的高级语言可最多控制 8 轴同时运动。它本身可以看作是一台实时的、多任务的计算机。它可以独立工作，也可以与 PC 机通过通信接口连接，由 PC 机发送在线指令或者用户编制的伺服程序。它所拥有的专用的类似于 VB 的机器人开发语言，能高效地开发出具有强大功能的运动程序。其语言独有的软 PLC 功能，使其开发出的软件的实时性大大增强。

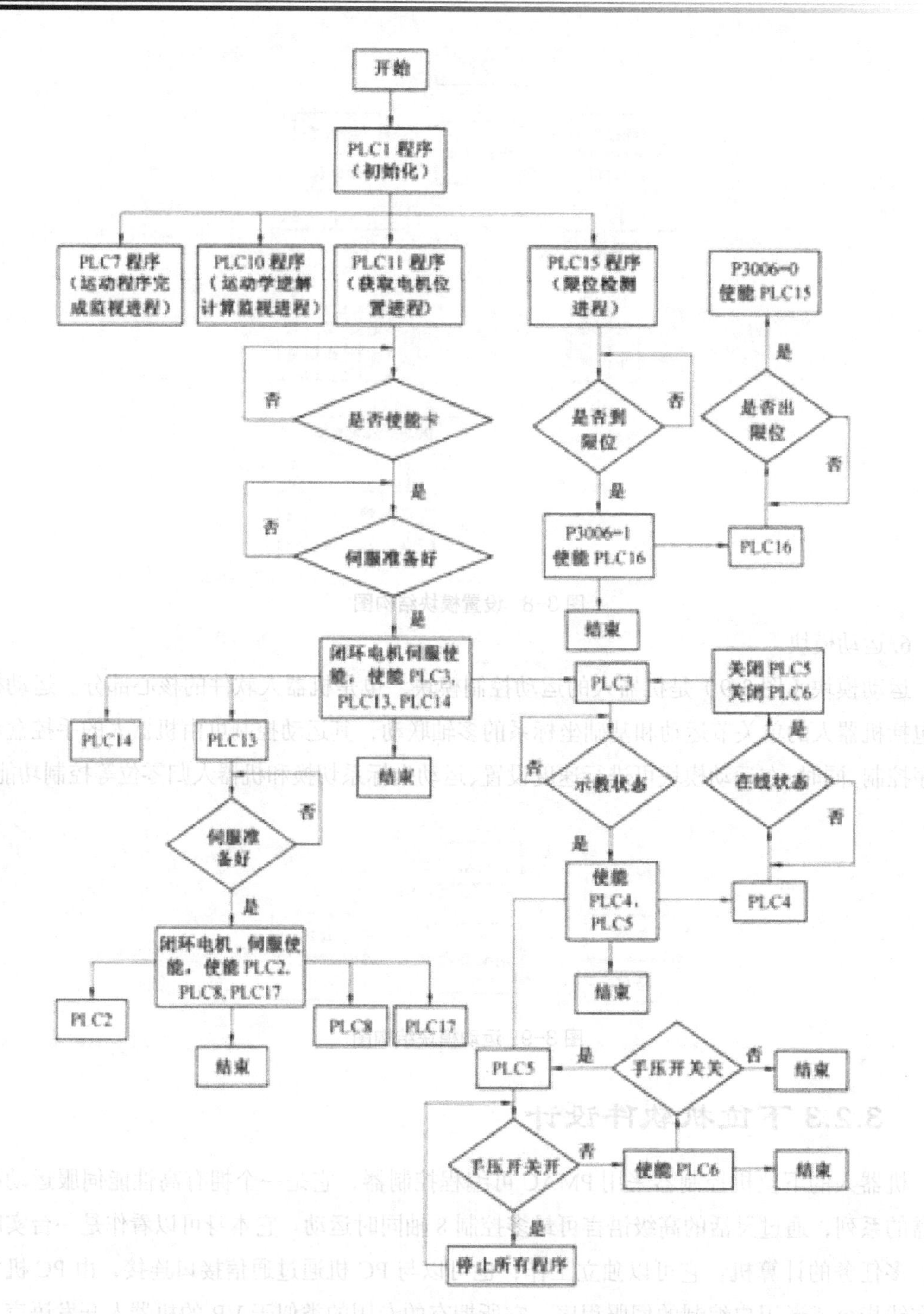

图 3-10　逻辑控制（PLC）程序结构框图

1. 变量说明

PMAC 卡与上位机通过变量进行数据交换，其中 P 变量和 Q 变量用于上位机发送命令和进行数据传递以及下位机运行状态的指示。M 变量用于指示系统的状态。

2. 运动程序说明

运动程序从 1021 ~ 1053 号编写：

程序 1021 ~ 1026 为 1~6 轴单关节位置增量方式运动。

程序 1033 ~ 1038 为 1~6 轴单关节速度方式运动。

程序 1041 为多关节点到点运动方式，需要给出关节空间目标位置。

程序 1042 为多关节直线运动位置方式，需要给出笛卡尔空间目标位置。

程序 1043 为多关节圆弧顺时针运动方式，需要给出笛卡尔空间目标位置。

程序 1044 为多关节圆弧逆时针运动方式，需要给出笛卡尔空间目标位置。

程序 1048 为多关节直线速度运动方式，需要给出笛卡尔空间增量位置。

程序 1049 为多关节直线运动位置方式，需要给出笛卡尔空间目标位置。

程序 1050 为快速回零运动方式。

程序 1051 为快速运动方式。

3.PLC 程序功能说明

逻辑控制（PLC）程序结构框图如图 3-10 所示，系统完成系统上电、状态检测、运动程序管理和操作流程管理等功能。

（1）PLC1（系统初始化进程）

PLC1 中完成整个系统变量的初始化，包括 VO 设定，机器人参数常量设定及 P 变量和 M 变量的初始设置，以及对其他 PLC 程序的调用。这里调用 PLC7（运动程序完成监视进程）、PLC10、PLC11 及 PLC15 程序，然后退出自身的运行。

（2）PLC2（驱动器伺服状态检测进程）

由 PLC13 启动，即当驱动器使能以后，检测伺服驱动器的状态，当驱动器出现关闭、报警及掉电后，关闭伺服及运行的其他 PLC 程序，使能 PLC11，重新等待伺服上电，然后退出自身的运行。

（3）PLC3（示教状态检测进程）

由 PLC11 启动，当伺服上电以后，启动该进程监测系统当前的示教 - 再现状态。当系统为示教状态时，启动 PLC4 和 PLC5，然后退出自身的运行。当系统为再现状态时，则一直运行该进程。

（4）PLC4（再现状态检测进程）

当系统为示教状态时，由 PLC3 启动该进程。监视系统的示教 - 再现状态。当系统为再现状态时，停止 PLC5 和 PLC6，启动 PLC3（示教状态检测进程），然后退出自身的运行。

（5）PLC5（手压开关开检测进程）

当系统为示教状态时，由 PLC3 启动该进程。监视系统的手压开关的开状态。当手压开关打开时，则停止所有的坐标系运动并设置运动完成标志为 1，且一直运行该操作，使系统处于停止状态。直到手压开关闭合时，则启动 PLC6 并退出自身的运行。

（6）PLC6（手压开关关检测进程）

当系统为示教状态且手压开关闭合时，由 PLC5 启动该进程。该进程一直监测手压开关的闭合状态，当手压开关闭合时，则只做检测，一直运行。当手压开关打开时，启动

PLC5 停止所有运动程序，并退出其自身的运行。

（7）PLC7（运动程序完成监视进程）

当系统上电后，由 PLC1 启动该进程。一旦运行后，该进程则不再退出，直到系统掉电该进程用于判断运动程序的完成，除速度方式下的运动程序外，所有其他的运动程序都通过 M 变量来指示其程序的结束，当一个运动程序结束后，该程序通过判断相应的 M 变量来设置其标志变量为 0，表示程序完成。同时，当所有运动程序都完成时，置运动完成标志 P3300=0。

（8）PLC8（运动程序调度进程）

当系统上电后，由 PLC13 启动该进程。当系统处于运行状态时，该进程一直处于运行状态。该进程用于接收上位机发来的各种运动指令及相应的参数，并设置相应的参数到系统变量，然后根据运动指令设置相应的轴到固定的坐标系，最后通过调用运动程序来完成对各轴的运动控制。

（9）PLC10（运动学逆解解算监视进程）

当系统上电后，由 PLC1 启动该进程，并且一直处于运行状态直到系统掉电。该进程专门用于对运动学逆解解算状态的监视，当运动学逆解出现“无解”或“奇异位形”时，该进程则停止一切运动程序。

（10）PLC11（获取电机位置进程）

当系统上电后，由 PLC1 启动该进程。当上位机发出使能标志（P3001=1）后，从上位机读取电机当前的位置，并赋予下位机寄存器。然后判断当驱动器伺服准备好后，启动 PLC3、PLC13 和 PLC14。同时发伺服使能标志给上位机，并退出其自身的运行。

（11）PLC13（伺服使能进程）

由 PLC11 启动该进程。该进程用于在驱动器伺服准备好后对电机的闭环及 serv_on 信号的输出。然后使能 PLC2、PLC8 和 PLC17。最后退出其自身的运行。

（12）PLC14（关下位机检测进程）

由 PLC11 启动该进程。该进程用于检测上位机对下位机的控制指令状态，当上位机发出关下位机指令时，停止所有的运动程序及 PLC 程序，并关闭对驱动器的伺服使能信号。结束下位机的运动，等待关机。

（13）PLC15（限位检测进程）

当系统上电后，由 PLC1 启动该进程。该进程用于判断各个电机轴是否到限位状态，如果到限位状态，则置限位标志 P3006 为 1，并置运动完成标志为 1。使能 PLC16，检测电机轴的限位状态。最后退出其自身的运行，否则一直运行。

（14）PLC16（出限位检测进程）

由 PLC15 启动该进程。当有电机轴进入限位状态后，由该进程监测电机轴是否出限位，如果出限位状态，则置限位标志 P3006 为 0，并启动 PLC15，退出其自身的运行，否则一直运行。

（15）PLC17（开环状态检测进程）

由 PLC13 启动该进程。该进程用于检测电机轴的开环状态，当电机出现开环时，则关闭对驱动器的伺服使能信号。用于电机轴出现意外时的保护，否则一直运行。

（16）PLC19（正运动学进程）

由 PLC8 启动该进程。当使用速度方式做直线运动时，需要先求得机器人当前的位置和姿态值，该进程完成速度方式下的正运动学计算，然后根据不同的坐标系调用 PLC21。然后退出其自身的运行。

（17）PLC20（世界坐标系速度方式进程）

由 PLC21 启动该进程。当在世界坐标系下，使用速度方式做直线运动时，通过调用该进程不断给目标位置和姿态赋予新的值来使机器人连续运动，从而实现速度方式的控制，该进程由其自身在运行一次后停止。

（18）PLC21（速度方式直线程序调用线程）

由 PLC19 启动该进程。该进程用于在速度方式下做直线运动时不断地调用 PLC20 或 PLC21。其作用是在其内实现精确定时 50ms，所以可以精确计算速度方式下的运动速度。由 PLC8 直线停止运动方式结束其运行。

（19）PLC22（工具坐标系速度方式进程）

由 PLC21 启动该进程。在工具坐标系下，使用速度方式做直线运动时，通过调用该进程不断给目标位置和姿态赋予新的值来使机器人连续运动，从而实现速度方式的控制。该进程由其自身在运行一次后停止。

项目四 工业机器人基本操作

项目概述

掌握ABB工业机器人的基本结构，ABB工业机器人示教器基本结构，熟悉并了解Robot Studio，能使用Robot Studio进行简单的操作。

任务一 工业机器人示教器认知

任务目标

1. 了解ABB工业机器人示教器相关操作按钮的作用
2. 理解示教器在编程操作中的作用
3. 掌握示教器的使用步骤

任务引入

机器人技术已广泛应用于工业、医学、科研和国防等各个领域，发挥着重要作用。示教装置是工业机器人的重要组成部分，它是实现机器人控制和人机交互的重要工具，对于运用在各种场所的工业机器人，基本上都需要经过示教后才能正常运行。操作者通过示教装置对机器人进行手动示教，控制机器人达到不同位姿，并记录各个位姿点的坐标。使用机器人语言进行在线编程，实现程序回放，让机器人再现程序要求的轨迹运动。

任务实施

4.1.1 ABB机器人示教器认知实验

ABB机器人示教器Flex Pendant由硬件和软件组成，其本身就是一套完整的计算机。Flex Pendant设备（也称为TPU或教导器单元）用于处理与机器人系统操作相关的许多功能，如运行程序、微动控制操纵器、修改机器人程序等。某些特定功能，如管理User Authorization System（UAS），无法通过Flex Pendant执行，只能通过Robot Studio Online实现。作为IRC5机器人控制器的主要部件，Flex Pendant通过集成电缆和连接器与控制器连接。而hot plug按钮选项可使得在自动模式下无须连接Flex Pendant仍可继续运行成为可能。Flex Pendant 可在恶劣的工业环境下持续运作。其触摸屏易于清洁，且防水、防油、防溅锡。图 4-1 是 Flex Pendant 的主要部件，A 为连接器；B 为触摸屏；C 为紧急停止按钮；D 为使动装置。

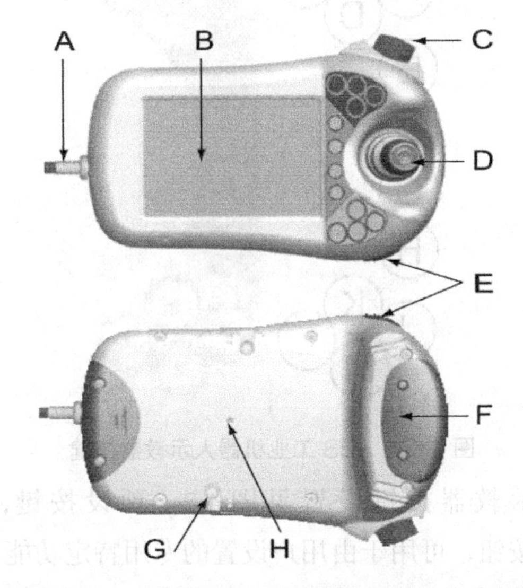

A 连接器　B 触摸屏　C 紧急停止按钮　D 控制杆

E USB 端口　F 使动装置　G 触摸笔　H 重置按钮

图 4-1　ABB 工业机器人示教器

控制杆：使用控制杆移动操纵器，它被称为微动控制机器人，控制杆移动操纵器的设置有几种。

USB 端口：将 USB 存储器连接到 USB 端口以读取或保存文件。USB 存储器在对话和 FlexPendant 浏览器中显示为驱动器 /USB：可移动的。

注意：在不使用时盖上 USB 端口的保护盖。

触摸笔：触摸笔随 FlexPendant 提供，放在 FlexPendant 的后面。拉小手柄可以松开笔。使用 FlexPendant 时用触摸笔触摸屏幕。不要使用螺丝刀或者其他尖锐的物品。

重置按钮：重置按钮会重置 FlexPendant，而不是控制器上的系统。（注意 USB 端口和重置按钮对使用 RobotWare 5.12 或更高版本的系统有效。这些按钮对于较旧的系统无效。）

硬按钮：FlexPendant 上有专用的硬件按钮。

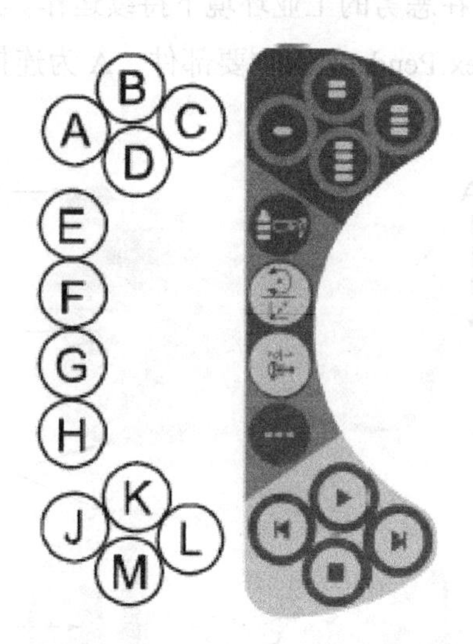

图 4-2　ABB 工业机器人示教器按键

ABB 工业机器人示教器按键设置见图 4-2，预设按键，A – D。预设按键是 FlexPendant 上四个硬件按钮，可用于由用户设置的专用特定功能。对这些按键进行编程后可简化程序编程或测试。它们也可用于启动 FlexPendant 上的菜单。

E 选择机械单元。

F 切换运动模式，重定向或线性。

G 切换运动模式，轴 1-3 或轴 4-6。

H 切换增量。

J Step BACKWARD（步退）按钮。按下此按钮，可使程序后退至上一条指令。

K START（启动）按钮。开始执行程序。

L Step FORWARD（步进）按钮。按下此按钮，可使程序前进至下一条指令。

M STOP（停止）按钮。停止程序执行。

操作 FlexPendant 时，通常会手持该设备。惯用右手者用左手持设备，右手在触摸屏上执行操作。而惯用左手者可以轻松通过将显示器旋转 180°，使用右手持设备，见图 4-3。

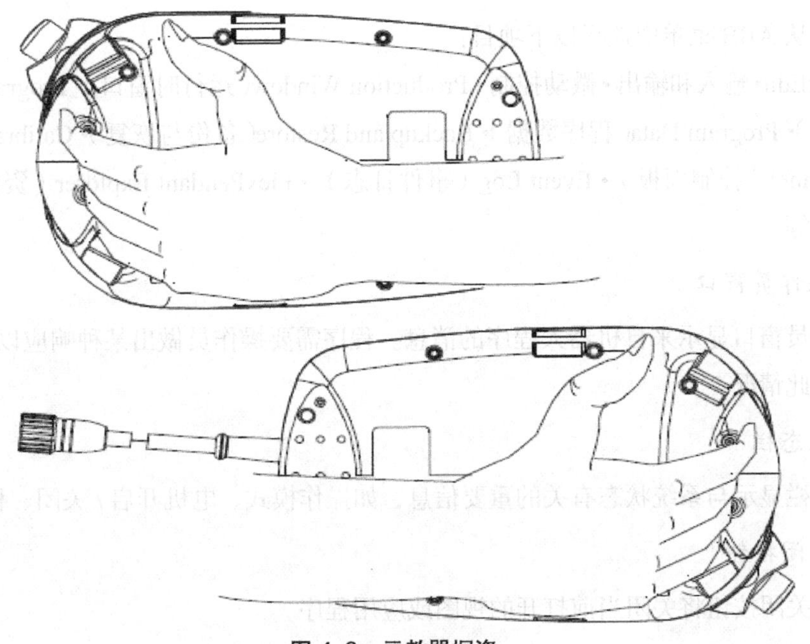

图 4-3　示教器握姿

4.1.2 ABB 机器人示教器界面认知

图 4-4 显示了 FlexPendant 触摸屏的各种重要元件

A ABB 菜单　B 操作员窗口　C 状态栏

D 关闭按钮　E 任务栏　F 快速设置菜单

图 4-4　ABB 工业机器人示教器显示屏

1.ABB 菜单

可以从 ABB 菜单中选择以下项目：

• HotEdit• 输入和输出 • 微动控制 • Production Window(运行时窗口)• Program Editor(程序编辑器)• Program Data(程序数据)• Backup and Restore(备份与恢复)• Calibration(校准)• Control Panel（控制面板）• Event Log（事件日志） • FlexPendant Explorer（资源管理器）• 系统信息等。

2. 操作员窗口

操作员窗口显示来自机器人程序的消息。程序需要操作员做出某种响应以便继续时往往会出现此情况。

3. 状态栏

状态栏显示与系统状态有关的重要信息，如操作模式、电机开启 / 关闭、程序状态等。

4. 关闭按钮

点击关闭按钮将关闭当前打开的视图或应用程序。

5. 任务栏

透过 ABB 菜单，可以打开多个视图，但一次只能操作一个。任务栏显示所有打开的视图，并可用于视图切换。

6. 快速设置菜单

快速设置菜单包含对微动控制和程序执行进行的设置。

任务二　工业机器人的手动操作

任务目标

1. 掌握工业机器人关切运动操作过程

2. 掌握工业机器人线性运动的操作过程

3. 熟练掌握工业机器人定位及姿态的变换方法

任务引入

工业机器人的运动可以是连续的，也可以是步进的；既可以是单轴的运动，也可以是整体的协调运动。这些运动都可以通过示教器来控制实现。通过手动操作让广大同学更加深入地了解工业机器人的运行原理。

任务实施

机器人运动的动量很大，运行过程中人进入机器人的工作区域是很危险的，为了确保安全，机器人系统一般都设置了急停按钮，分别位于示教器和控制柜上。无论在什么情况下，只要按下急停按钮，机器人就会停止运行。紧急停止之后，示教器的使能键将失去作用，必须手动恢复急停按钮才能使机器人重新恢复运行。通过 Robotstudio 进行 ABB 工业机器人手动操作仿真实验。

4.2.1 ABB 工业机器人单轴运动操作

1. 机器人轴的分类

一般地，ABB 机器人是由六个伺服电动机分别驱动机器人，那么每次手动操纵一个关节轴的运动，就称之为单轴。以下就是手动操纵单轴机器人运动的方法，如图 4-5 所示。

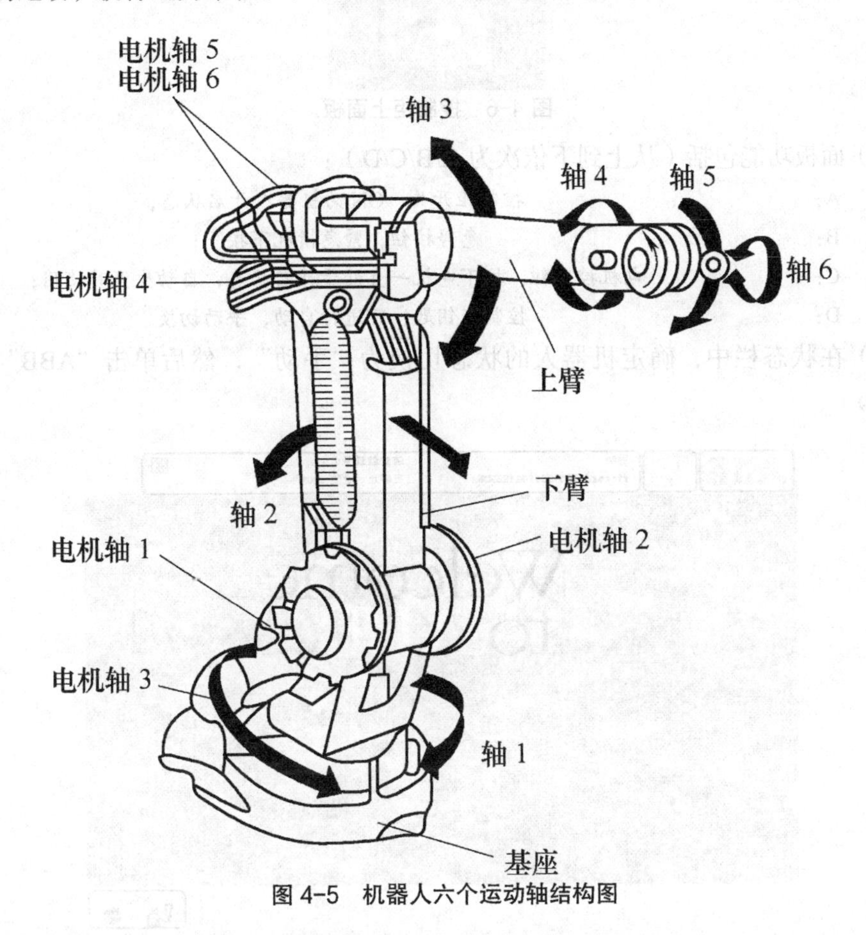

图 4-5　机器人六个运动轴结构图

2. 机器人手动运动操作的准备工作

（1）将控制柜上机器人状态钥匙切换到中间的手动限速状态。（见图 4-6）

图 4-6　控制柜上面板

（1）面板功能包括（从上到下依次为 A/B/C/D）：

A:　　控制柜开关，ON 为机器人开启状态；

B:　　急停按钮，紧急情况下按下；

C:　　电机控制钮，按下电机一直处于开启状态，自动生产时使用；

D:　　控制柜钥匙，可进行自动、手动切换。

（2）在状态栏中，确定机器人的状态切换为“手动”，然后单击“ABB”（见图 4-7 ~ 4-9）。

图 4-7　示教器状态栏

（3）选择“手动操作”。

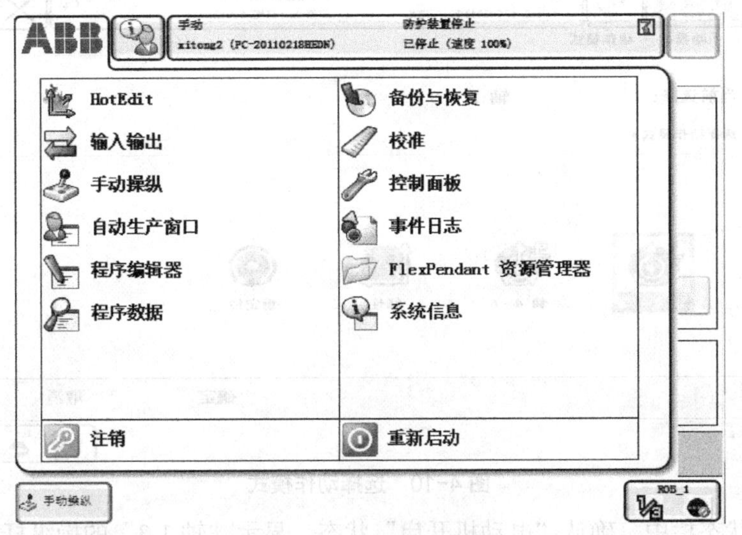

图 4-8　示教器状态栏

（4）选择“动作模式”。

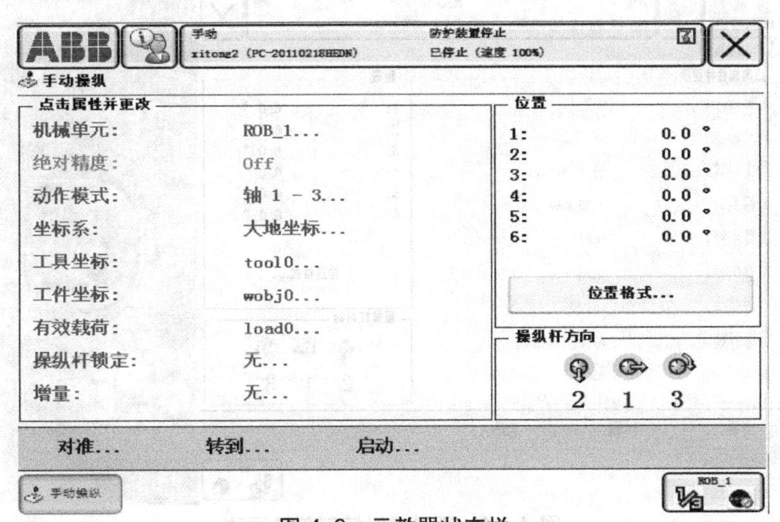

图 4-9　示教器状态栏

3. 机器人单轴手动运动操作

（1）选中“轴 1-3”，然后单击“确定”。用左手按下使能按钮，进入“电动机开启”状态。（见图 4-10）

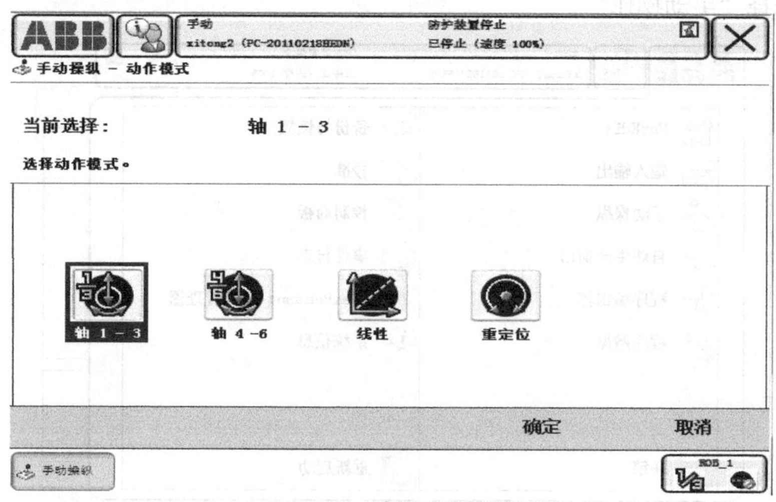

图 4-10 选择动作模式

（2）在状态栏中，确认“电动机开启”状态。显示“轴 1-3”的操纵杆方向，黄箭头代表正方向。然后操纵操作杆即可进行机器人的单轴运动。（见图 4-11）

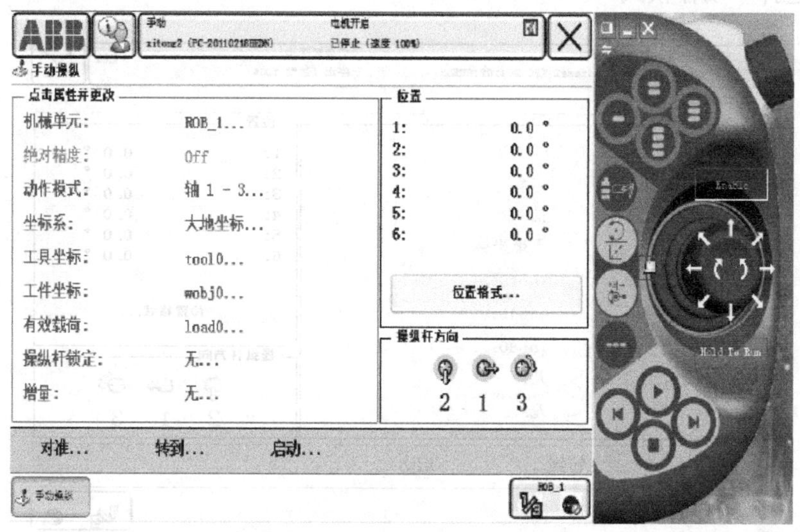

图 4-11 通过操纵控制单轴运动

4.2.2 机器人线性运动的手动操作实验

机器人的线性运动是指安装在机器人第六轴法兰盘上工具的 TCP 在空间中做线性运动，以下就是手动操纵线性的方法。

（1）选择“手动操作”。（见图 4-12）

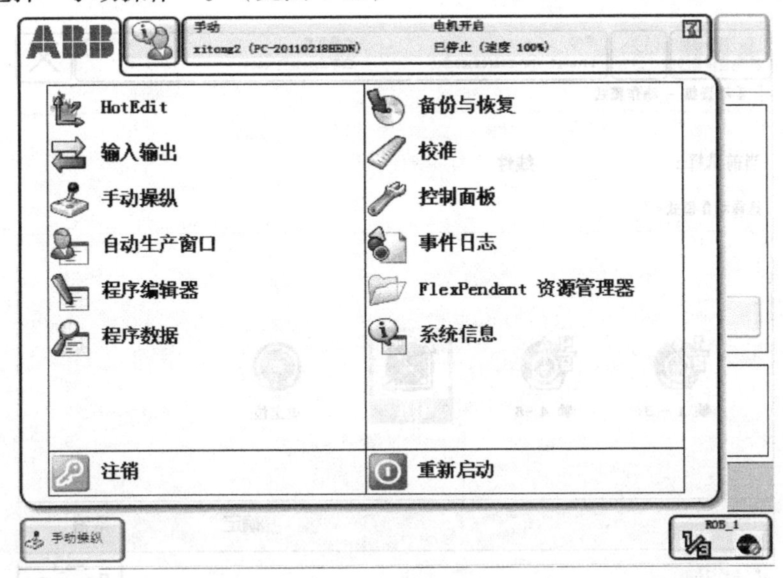

图 4-12　选择手动模式

（2）单击“动作模式”。（见图 4-13）

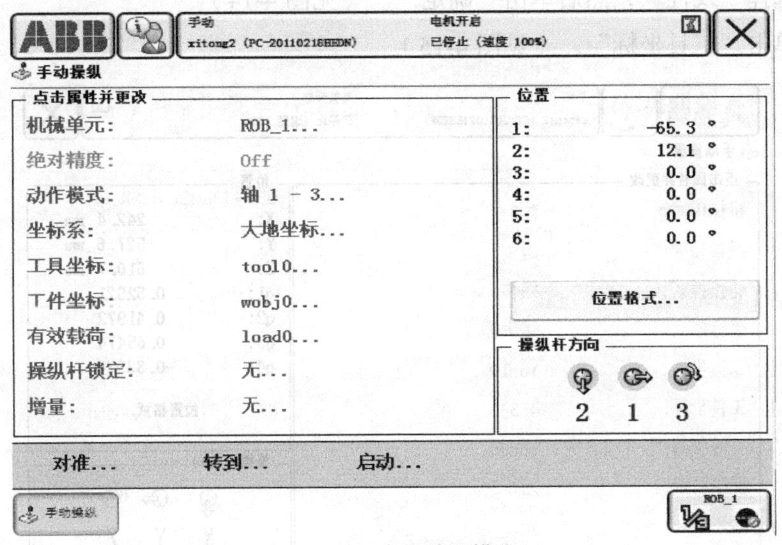

图 4-13　点击动作模式

（3）选择线性模式。

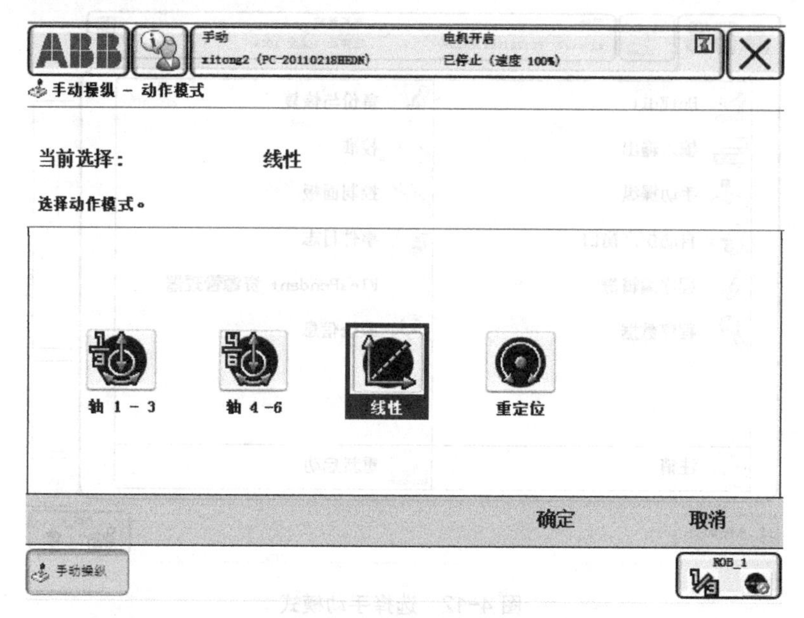

图 4-14　选择动作模式

（4）选择“线性”，然后单击“确定”。（见图 4-14）

（5）单击“工具坐标”。（见图 4-15）

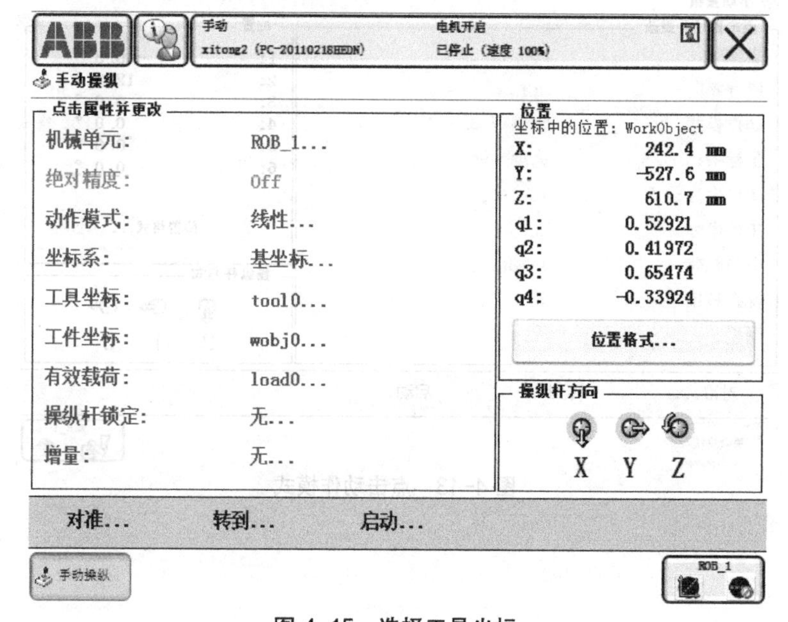

图 4-15　选择工具坐标

（6）选中对应的工具“tool1”。（见图 4-16）

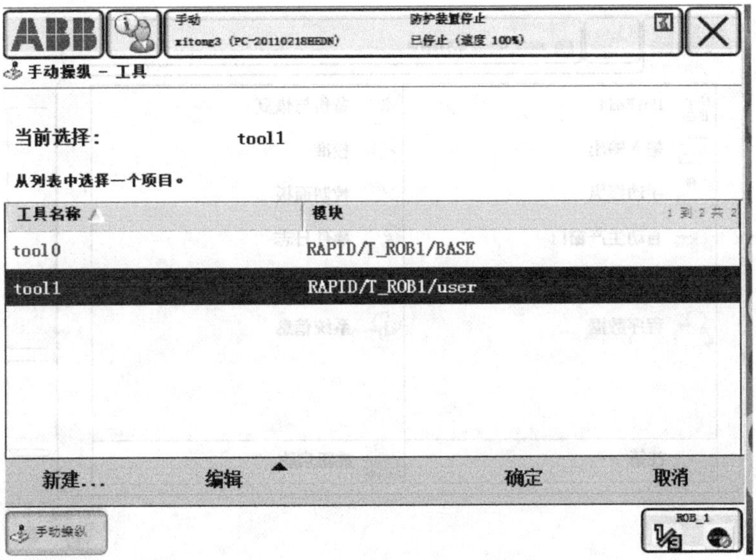

ABB
手动
xitong3 (PC-20110218HEDN)
防护装置停止
已停止 (速度 100%)
手动操纵 - 工具
当前选择:
tool1
从列表中选择一个项目。
工具名称
模块
tool0
RAPID/T_ROB1/BASE
tool1
RAPID/T_ROB1/user
新建...
编辑
确定
取消
手动操纵
ROB_1

图 4-16 选择工具坐标

按下使能状态，进入“电动机开启”状态。并在状态栏中，确认“电动机开启”状态。操纵示教器上的操纵杆，工具的 TCP 点在空间中做线性运动。（见图 4-17）

ABB
手动
防护装置停止
已停止 (速度 100%)
手动操纵
点击属性并更改
机械单元:
ROB_1...
绝对精度:
Off
动作模式:
线性...
坐标系:
基坐标...
工具坐标:
tool0...
工件坐标:
wobj0...
有效载荷:
load0...
操纵杆锁定:
无...
增量:
无...
位置
坐标中的位置: WorkObject
X:
515.0 mm
Y:
0.0 mm
Z:
712.0 mm
q1:
0.70711
q2:
0.0
q3:
0.70711
q4:
0.0
位置格式...
操纵杆方向
X
Y
Z
对准...
转到...
启动...
手动操纵
ROB_1

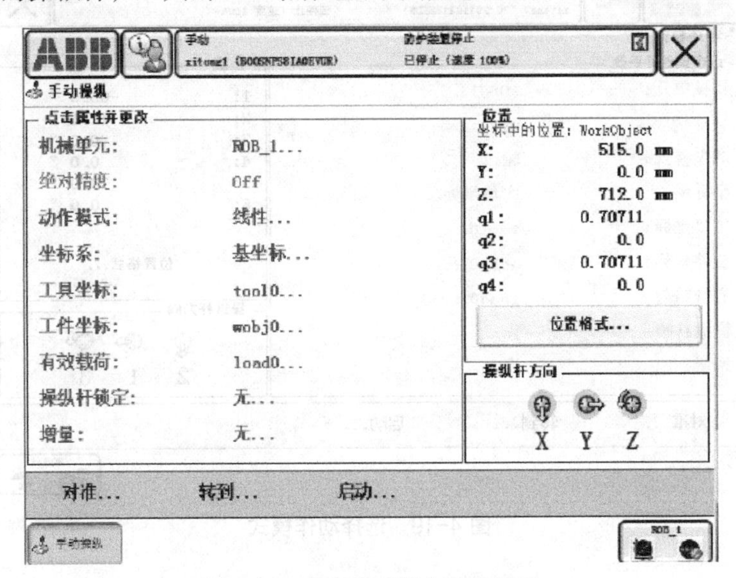

图 4-17 通过操纵控制线性运动

4.2.3 重定位的手动操作实验

机器人的重定位运动是指机器人第六轴法兰盘上的工具 TCP 点在空间中绕着坐标轴旋转的运动，也可以理解为机器人绕着工具 TCP 点做姿态调整的运动，以下就是手动操作重定位运动的方法。

（1）选择“手动操纵”。（见图 4-18）

图 4-18　选择手动模式

（2）单击“动作模式”。（见图 4-19）

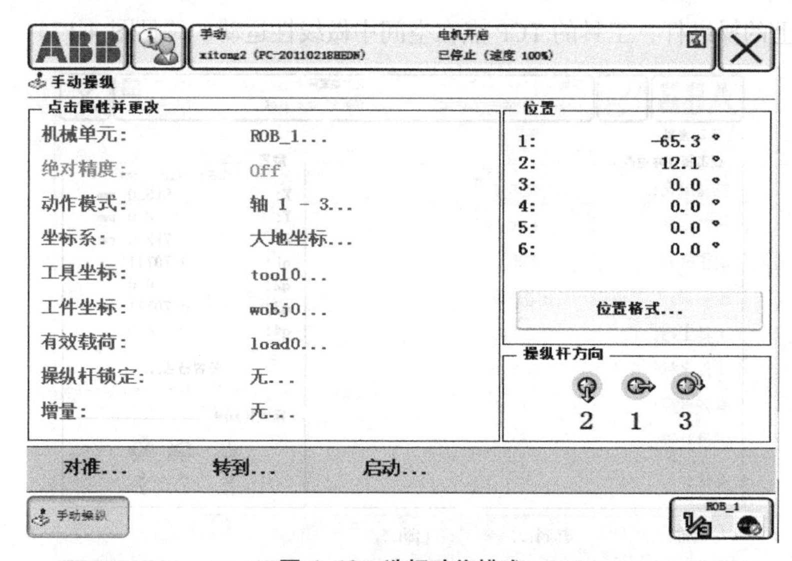

图 4-19　选择动作模式

（3）单击“重定位”然后点击“确定”。（见图 4-20）

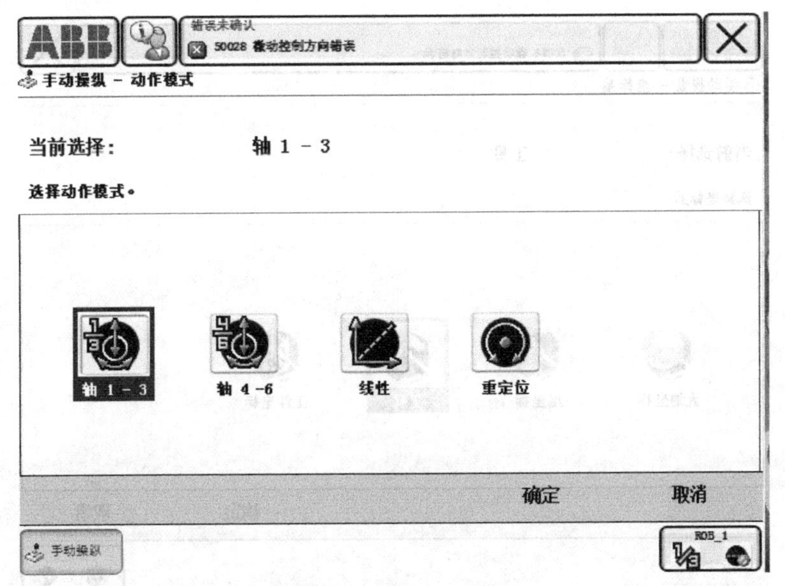

图 4-20　选择动作模式

（4）选中“工具”坐标系。（见图 4-21）

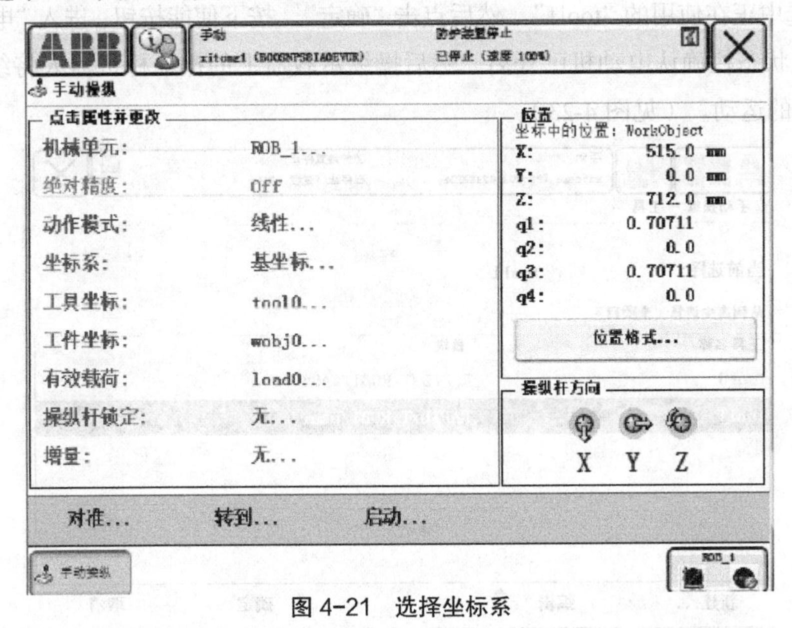

图 4-21　选择坐标系

（5）单击“工具坐标”。（见图 4-22）

图 4-22　选择工具坐标系

（6）选中正在使用的“tool1”，然后点击“确定”。按下使能按钮，进入“电动机开启”状态，并在状态栏确认电动机已开启。然后操纵示教器上的操纵杆机器人将绕着 TCP 点做姿态调整的运动。（见图 4-23）

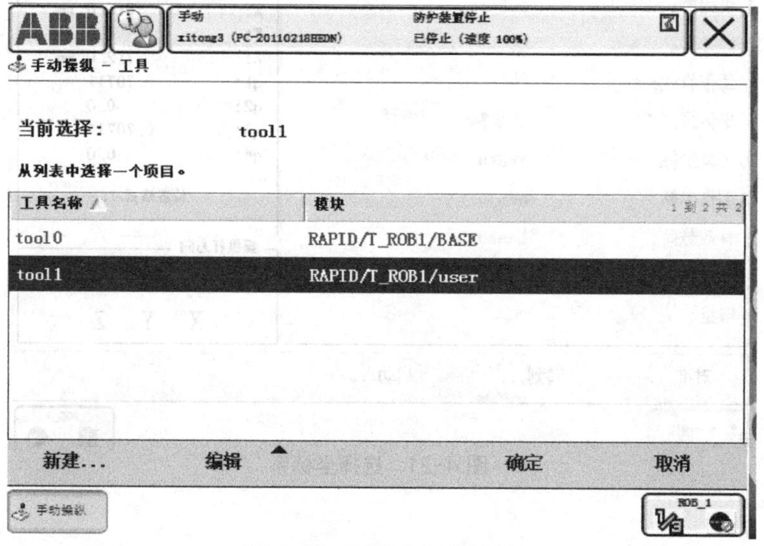

图 4-23　选择工具坐标系

项目五　工业机器人坐标系数据设置与校准

项目概述

在进行正式的编程前，需要构建必要的编程环境，其中就有三个必需的程序数据（工具坐标系 tooldata、工件坐标 wobjdata、负荷数据 loaddata）需要在编程前进行定义，本项目主要介绍了三种坐标系的设定方法。

任务一　工业机器人工具坐标tool data的设定

任务目标

1. 理解 ABB 工业机器人 tooldate

2. 掌握 ABB 工业机器人工具坐标系 tooldata 的建立方法

任务引入

程序数据是在程序模块和系统模块中设定的值和定义的一些环境数据工具坐标 tooldate 用于描述安装在机器人第六轴上的工具的 TCP、质量、重心等参数数据。

一般不同的机器人应该用配置不同的工具，比如说弧焊机器人就使用弧焊枪作为工具，而用于搬运板材的机器人就会使用吸盘式的夹具作为工具。

默认工具（tool0）的工具中心点（TCP），位于机器人安装法兰的中心。如图 5-1 所示，图中的 A 点就是 tool0 的中心点。

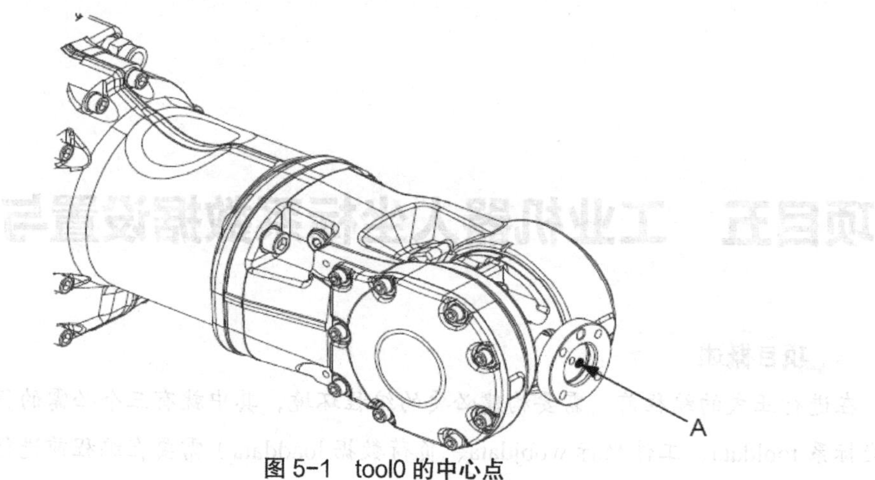

图 5-1 tool0 的中心点

工具中心点（TCP）设定原理（见图 5-2）：

1. 首先在机器人工作范围找一个非常精确的固定点做参考点。

2. 再在工具上找一个参考点（最好在工具中心）。

3. 操纵工具上的参考点最少以四种不同的姿态尽可能地接近固定参考点。

4. 机器人通过四组解的计算，得出 TCP 坐标。

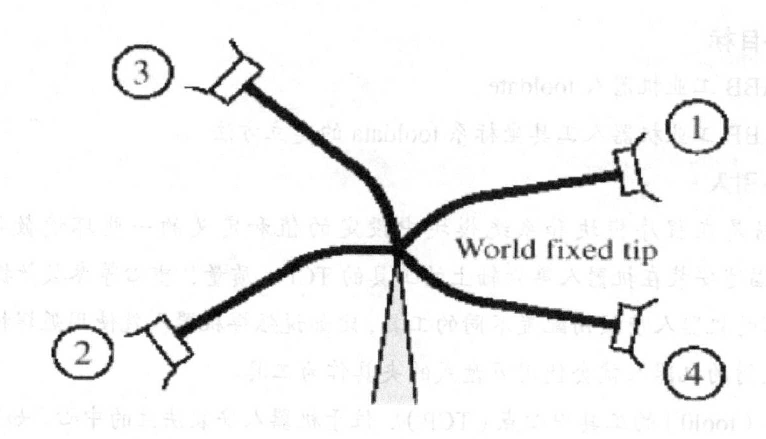

图 5-2 tool0 的原理

4 点法：不改变坐标方向，只转换坐标系位置。

5 点法：第五运动方向为 Z 轴方向。

6 点法：第五运动方向为 X 轴方向。

7 点法：第六运动方向为 Z 轴方向。

任务实施

5.1.1 工具坐标 tooldate 的设定

下面为工具坐标 tooldate 的设定过程：

（1）选择“工具坐标”。（见图 5-3）

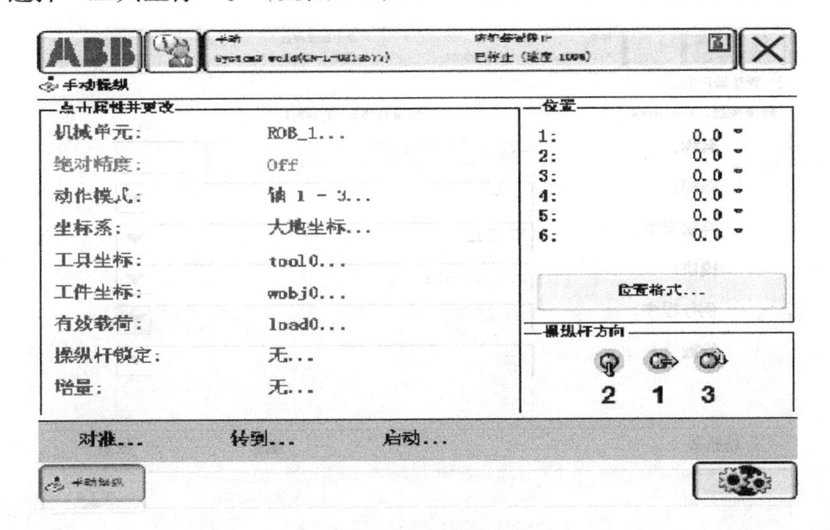

图 5-3 选择工具坐标

（2）单击“新建……”。（见图 5-4）

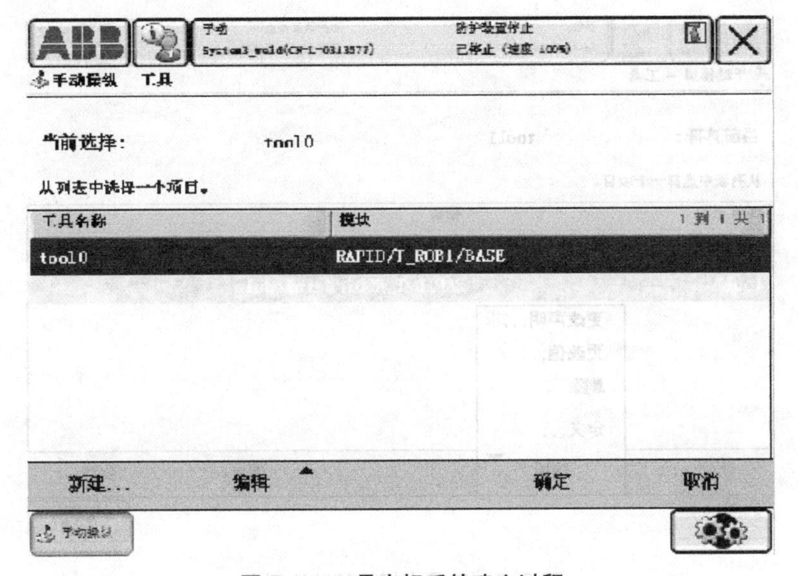

图 5-4　工具坐标系的建立过程

（3）对工具数据进行设定后，单击“确定”。（见图 5-5）

图 5-5 工具坐标系的建立过程

（4）选中 tool1 后，单击“编辑”菜单中的“定义”选项。（见图 5-6）

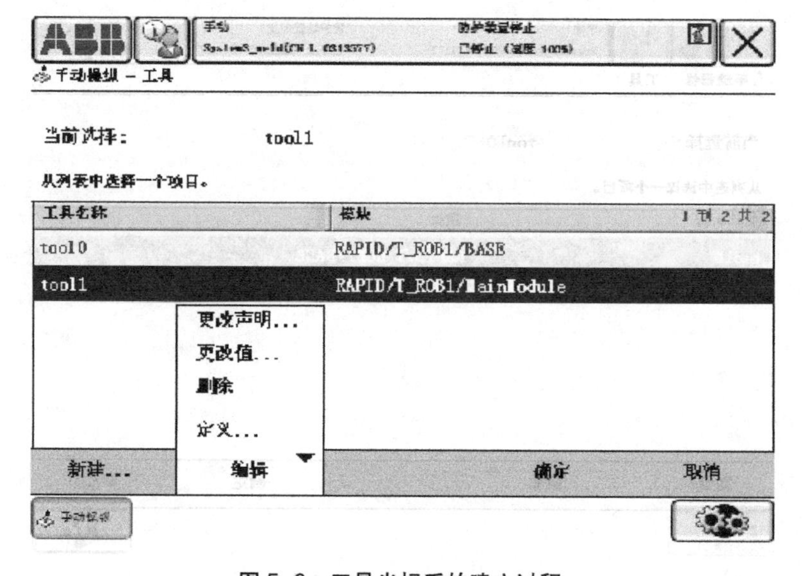

图 5-6 工具坐标系的建立过程

（5）选择“TCP 和 Z，X”，使用 6 点法设定 TCP。（见图 5-7）

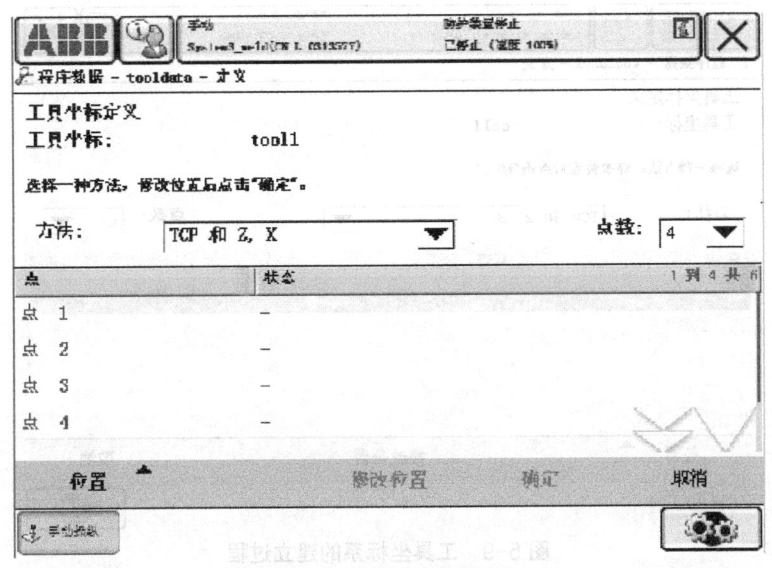

图 5-7　工具坐标系的建立过程

（6）选择合适的手动操作模式。按下使能键，使用摇杆使工具参考点靠上固定点，作为第一个点。（见图 5-8）

图 5-8　工具坐标系的建立过程

（7）选取点 1，然后单击“修改位置”，将点 1 的位置记录下来。（见图 5-9）

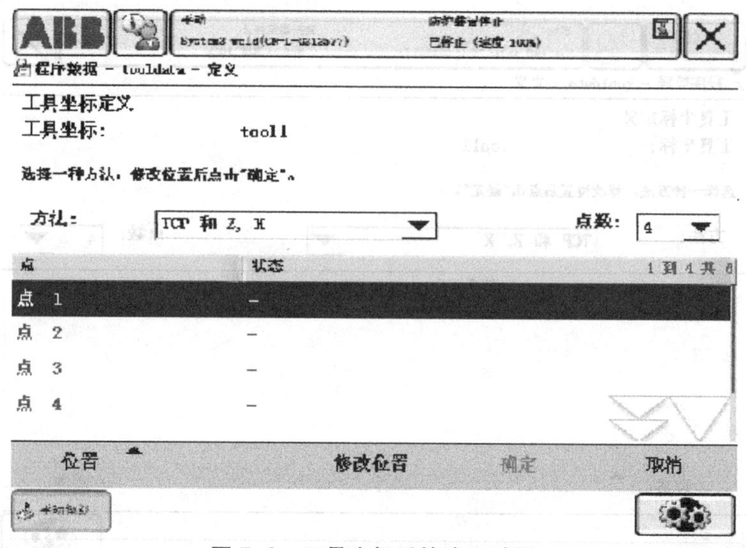

图 5-9　工具坐标系的建立过程

（8）选取第二个点的姿态。（见图 5-10）

图 5-10　工具坐标系的建立过程

（9）单击“修改位置”，将点 2 的位置记录下来。（见图 5-11）

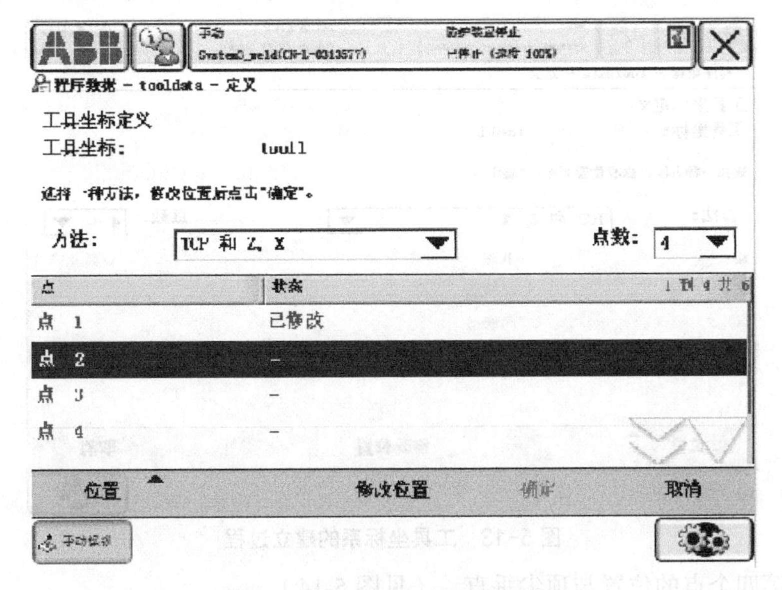

图 5-11　工具坐标系的建立过程

（10）选取第三个点的姿态。（见图 5-12）

图 5-12　工具坐标系的建立过程

（11）单击“修改位置”，将点 3 的位置记录下来。（见图 5-13）

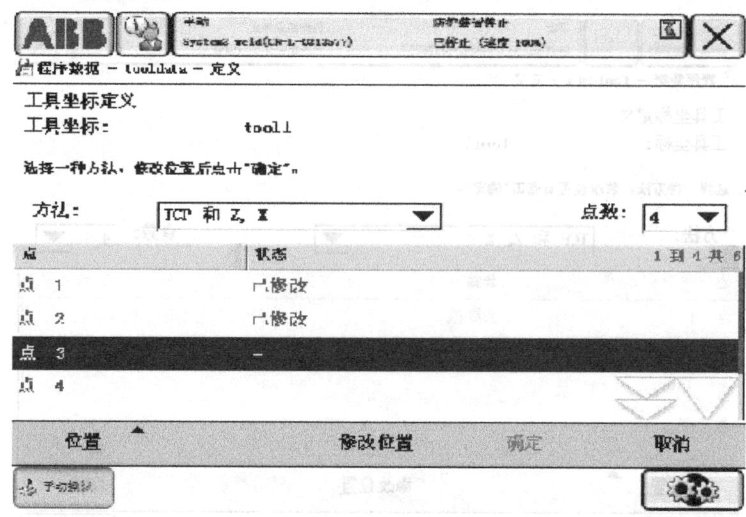

图 5-13　工具坐标系的建立过程

（12）第四个点的位置与顶尖垂直。（见图 5-14）

图 5-14　工具坐标系的建立过程

（13）单击“修改位置”，将点 4 的位置记录下来。（见图 5-15）

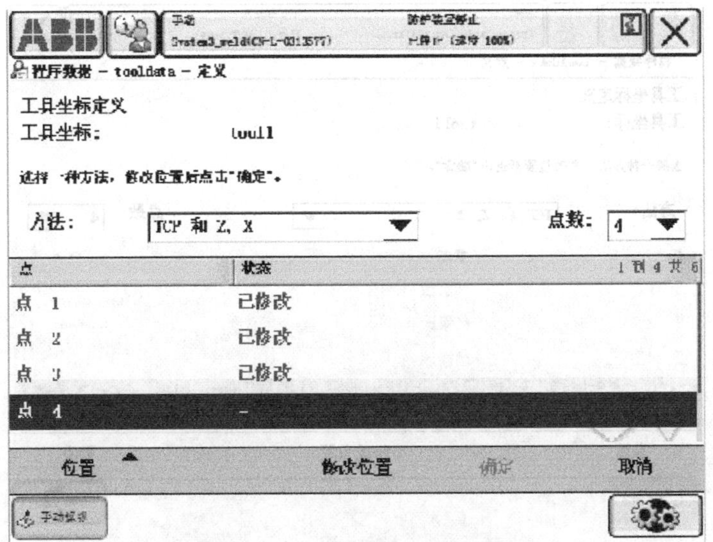

图 5-15　工具坐标系的建立过程

（14）选取第五个点的姿态，从顶尖向 X 方向移动大概 50cm。（见图 5-16）

图 5-16　工具坐标系的建立过程

（15）单击“修改位置”，将延伸器点 X 的位置记录下来。（见图 5-17）

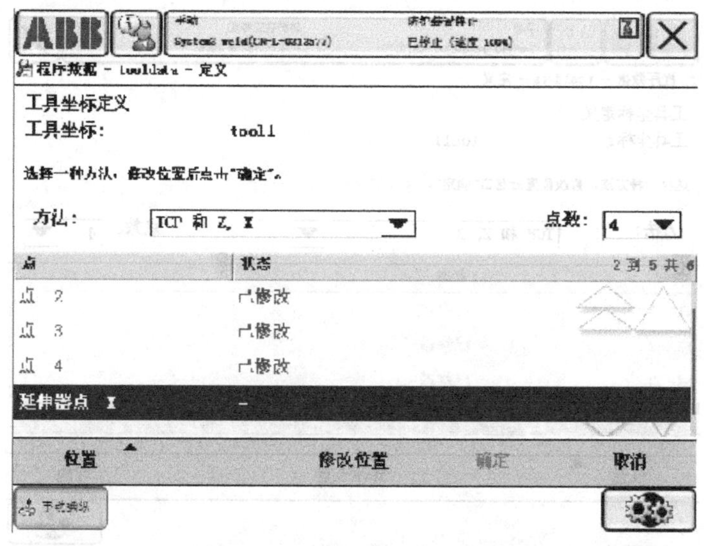

图 5-17　工具坐标系的建立过程

（16）选取第六个点的姿态，从顶尖垂直抬起大概 50cm，即 +Z 方向。（见图 5-18）

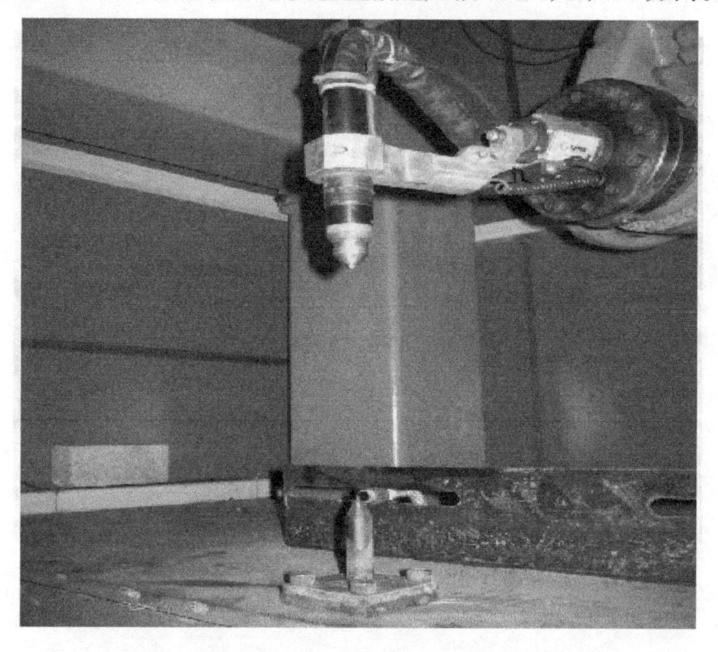

图 5-18　工具坐标系的建立过程

（17）单击“修改位置”，将延伸器点 Z 的位置记录下来。（见图 5-19）

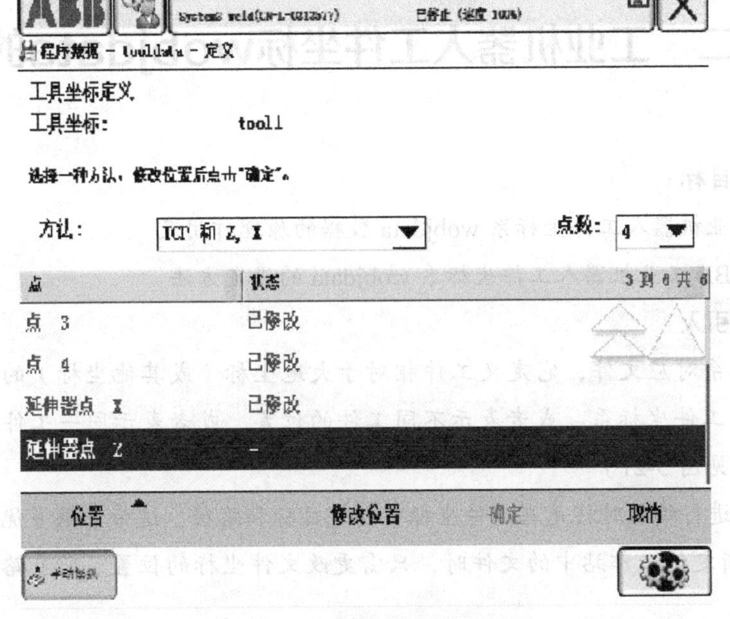

图 5-19　工具坐标系的建立过程

（18）单击“确定”，完成设置。（见图 5-20）

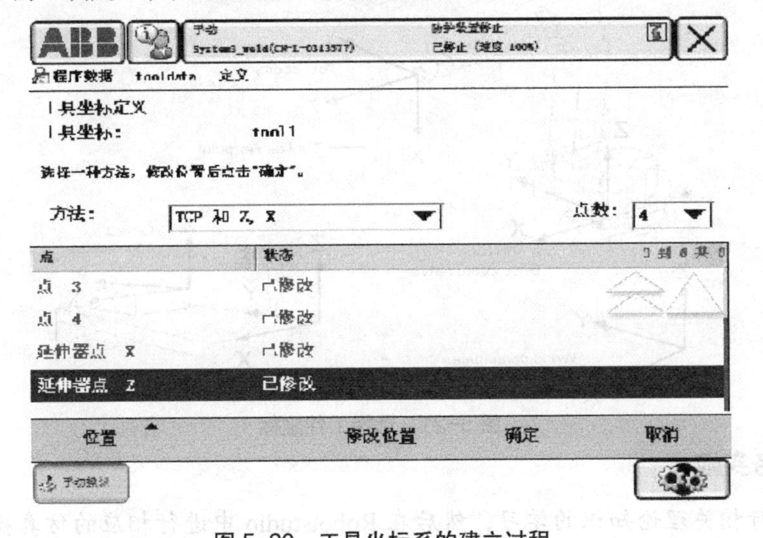

图 5-20　工具坐标系的建立过程

任务二　工业机器人工件坐标wobjdata的设定

任务目标

1. 理解工业机器人工件坐标系 wobjdata 数据的原理作用及

2. 掌握 ABB 工业机器人工件坐标系 wobjdata 的设定方法

任务引入

工件坐标系对应文件，它定义工件相对于大地坐标（或其他坐标）的任务。机器人可以拥有若干工件坐标系，或者表示不同工件的位置，或者表示同一工件在不同位置的若干副本。（见图 5-21）

对机器人进行编程时就是在工件坐标中创建目标和路径。这带来很多优点如下：

（1）重新定位工作站中的文件时，只需更改文件坐标的位置，所有路径将即刻随之更新。

（2）允许操作以外轴或传动导轨移动的工件，因为整个工件可连同其路径一起移动。

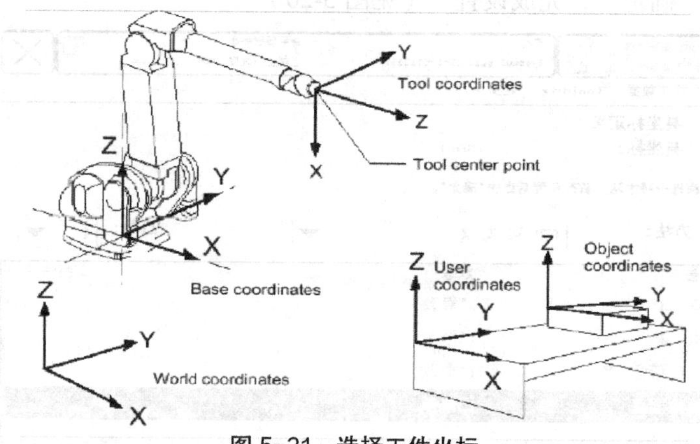

图 5-21　选择工件坐标

任务实施

首先进行相关理论知识的学习，然后在 Robotstudio 中进行相应的仿真操作，最后进行工件坐标系 wobjdata 设定的实际操作。

5.2.1. 建立工件坐标系的步骤

以下就是建立工件坐标系的操作步骤：

（1）在手动操纵画面中，选择“工件坐标”。（见图 5-22）

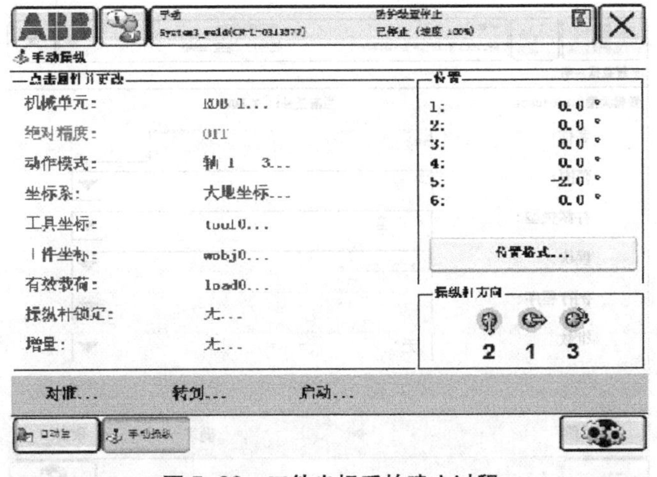

图 5-22　工件坐标系的建立过程

（2）单击“新建”。（见图 5-23）

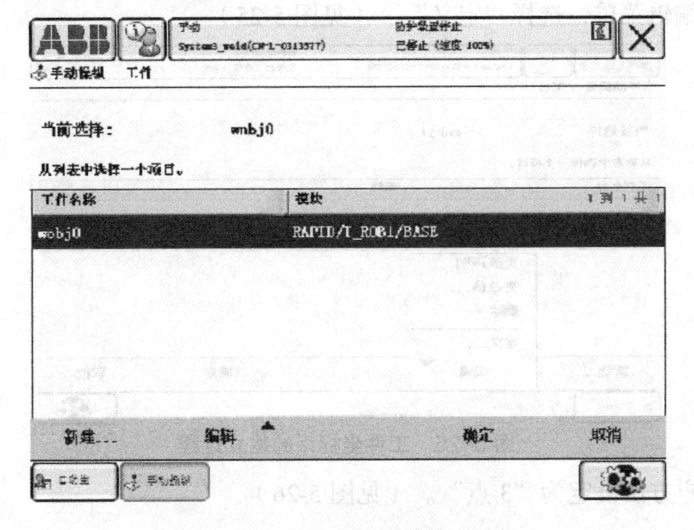

图 5-23　工件坐标系的建立过程

（3）对工件坐标数据属性进行设定后，单击“确定”。（见图 5-24）

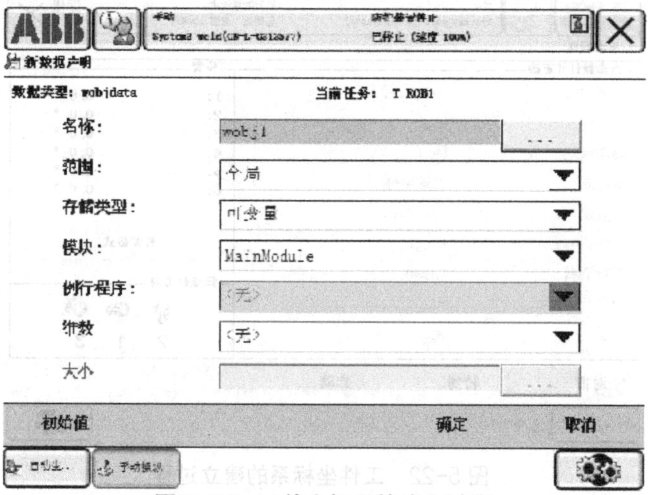

新数据声明
数据类型：wobjdata
当前任务：T_ROB1
名称：
wobj1
范围：
全局
存储类型：
可变量
模块：
MainModule
例行程序：
〈无〉
维数
〈无〉
大小
初始值
确定
取消

图 5-24　工件坐标系的建立过程

（4）打开编辑菜单，选择“定义”。（见图 5-25）

当前选择：
wobj1
工件名称
模块
wobj0
RAPID/T_ROB1/BASE
wobj1
RAPID/T_ROB1/MainModule
更改声明...
更改值...
删除
定义...
新建...
编辑
确定
取消

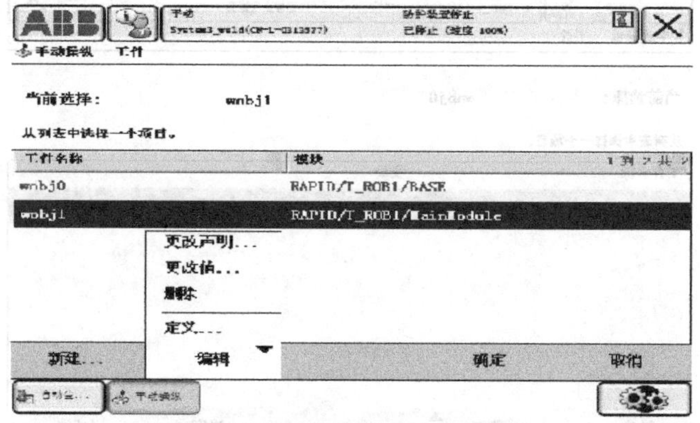

图 5-25　工件坐标系的建立过程

（5）将用户方法设定为“3 点”。（见图 5-26）

wobj1
tool0
3 点
未更改
状态
位置
修改位置
确定
取消

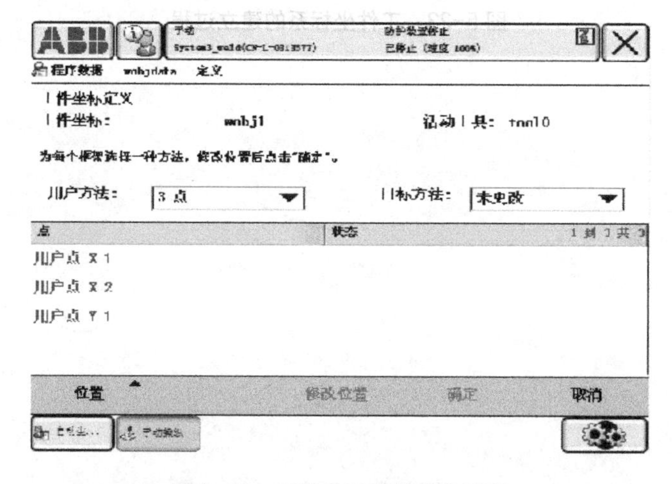

图 5-26　工件坐标系的建立过程

（6）将机器人的工具参考点靠近定义工件坐标的 X1 点。（见图 5-27）

图 5-27　工件坐标系的建立过程

（7）选取 X1，然后点击“修改位置”。（见图 5-28）

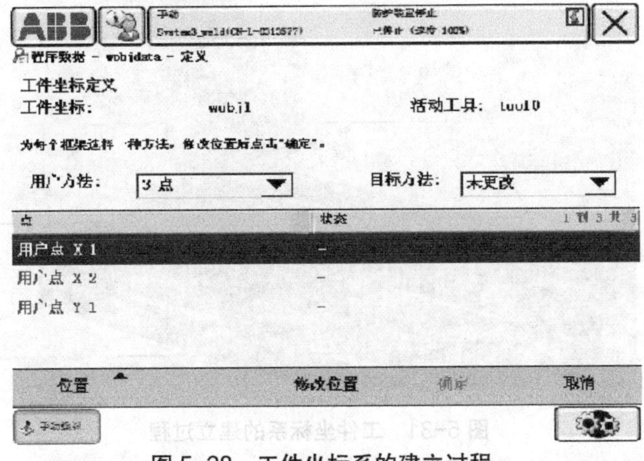

图 5-28　工件坐标系的建立过程

（8）将机器人移至此处为 X2 点。（见图 5-29）

图 5-29　工件坐标系的建立过程

（9）选取 X2，然后点击“修改位置”。（见图 5-30）

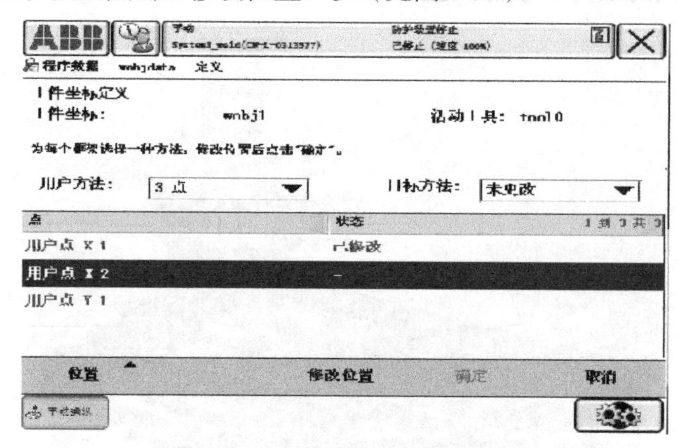

图 5-30　工件坐标系的建立过程

（10）将机器人移至 Y1 点处。（见图 5-31）

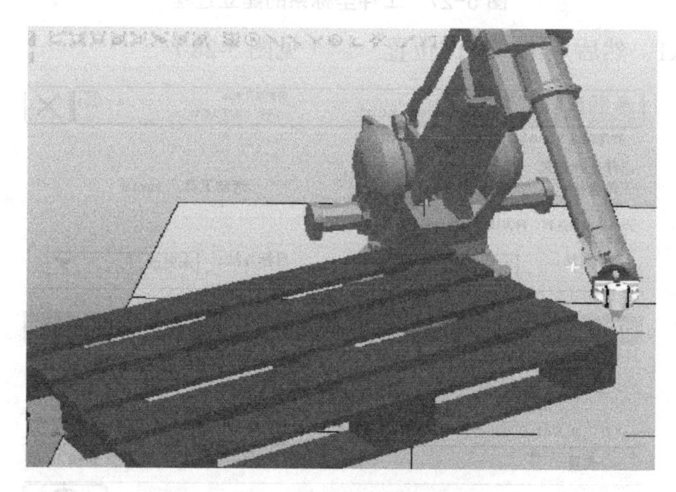

图 5-31　工件坐标系的建立过程

（11）选取 Y1 点然后点击“修改位置”。（见图 5-32）

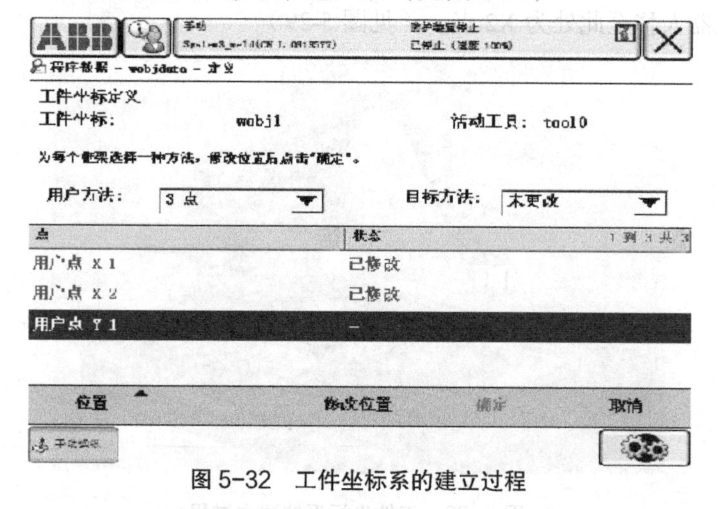

图 5-32　工件坐标系的建立过程

（12）点击“确定”。（见图 5-33）

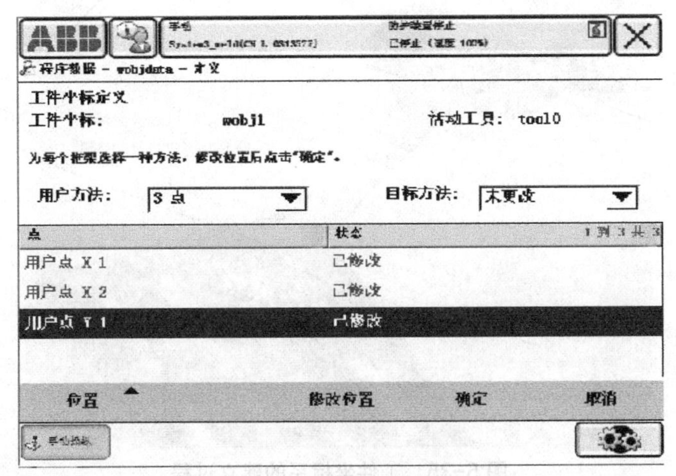

图 5-33　工件坐标系的建立过程

（13）验证工件坐标精确度。

1）选定动作模式为线性，工件坐标为 wobj1。（见图 5-34）

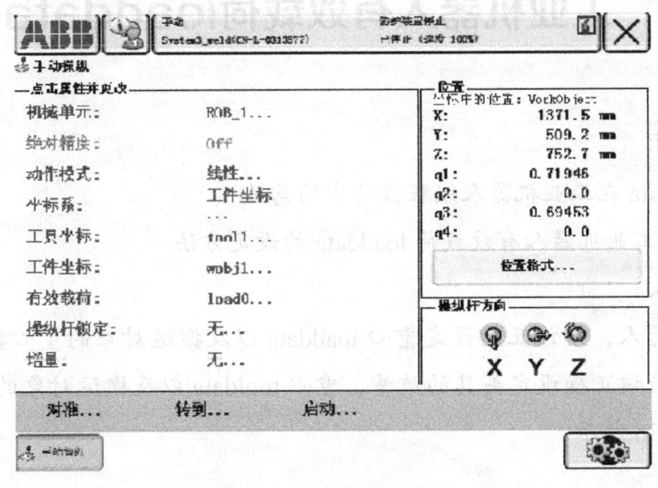

图 5-34　工件坐标系的建立过程

2）在工件坐标系中线性移动机器人体验新建立的工件坐标。（见图 5-35）

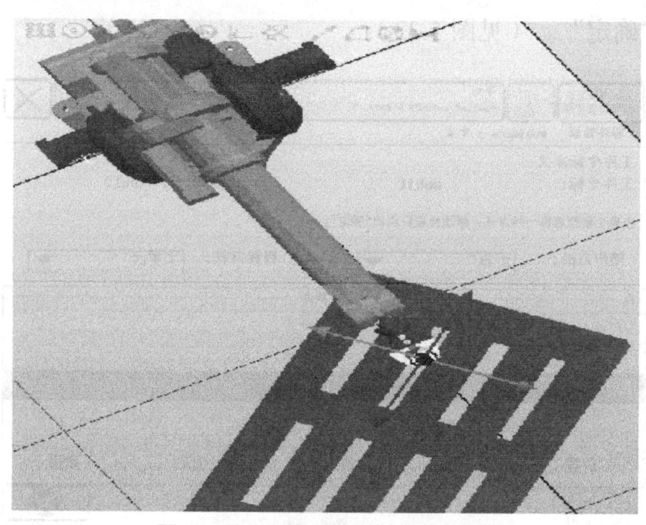

图 5-35　工件坐标系的建立过程

任务三　工业机器人有效载荷loaddata的设定

任务目标

1. 理解 loaddata 在工业机器人编程操作中的意义

2. 掌握 ABB 工业机器人有效载荷 loaddata 的设定方法

任务引入

对于搬运机器人，应该正确设定重心 loaddata 以及搬运对象的重心数据 loaddata。对于搬运机器人，应该正确设定夹具的质量、重心 tooldata 以及搬运对象的质量和重心数据 loaddata，如图 5-36 所示。

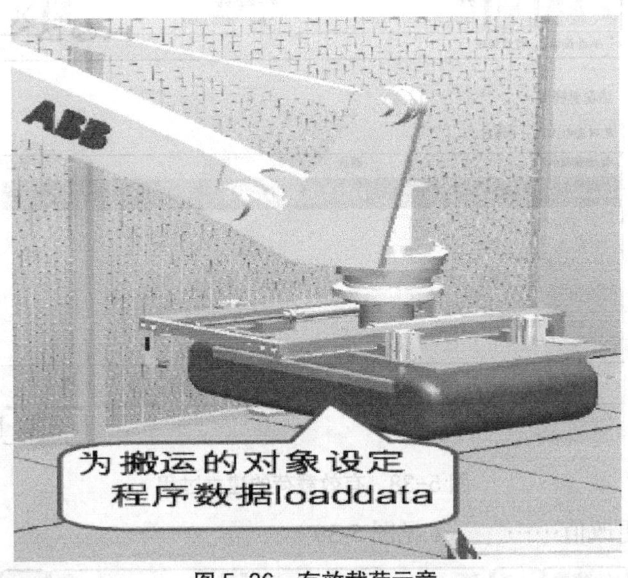

图 5-36　有效载荷示意

任务实施

先进行相关理论知识的学习，然后在 Robot studio 中进行相关仿真操作，最后进行相关实际操作实验。

5.3.1 有效载荷 loaddate 的设定

1. 有效载荷 loaddate 的意义

有效载荷 loaddata 建立过程

（1）点击“有效载荷”。（见图 5-37）

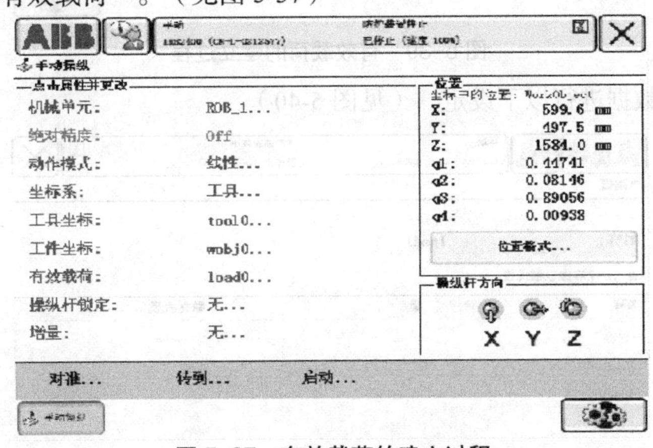

图 5-37　有效载荷的建立过程

（2）点击“新建……”。（见图 5-38）

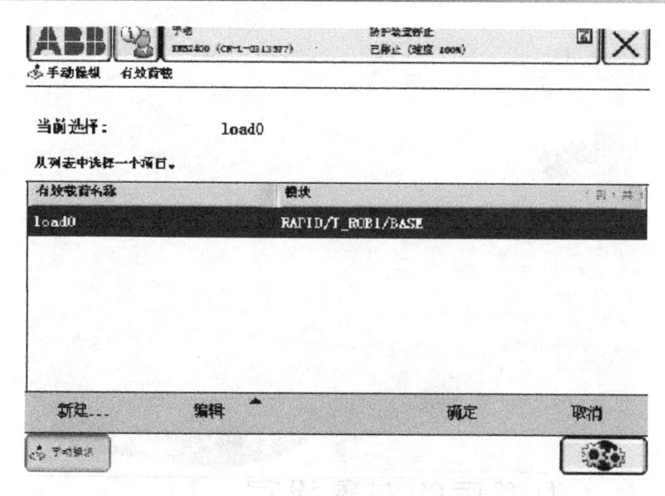

图 5-38　有效载荷的建立过程

（3）点击“更改值……”。（见图 5-39）

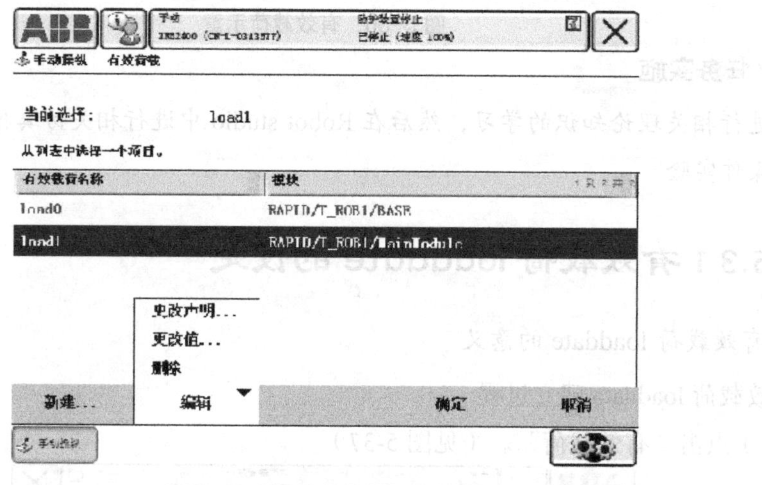

图 5-39　有效载荷的建立过程

（4）对程序数据进行以下设定。（见图 5-40）

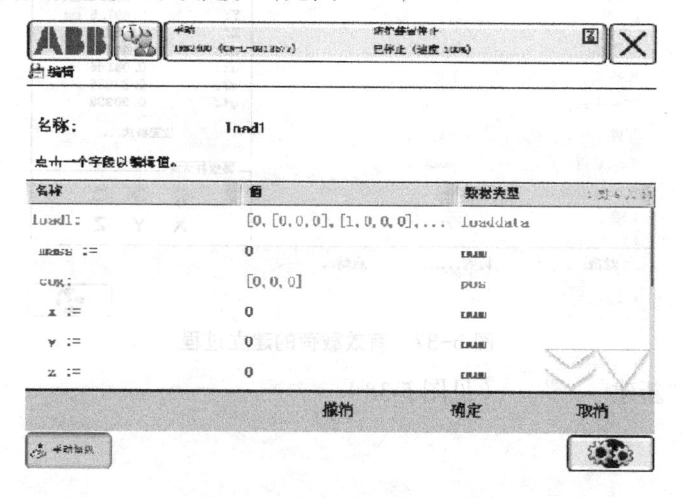

图 5-40　有效载荷的建立过程

LoadData 设定的参数如下：

1. 搬运对象的重量 load.mass [kg] 注意：1. 第 1、2 项是必须设定的。

2. 搬运对象的重心 2. 可以通过 loadIdentify 进行自动测量。

_ load.cog.x

_ load.cog.y

_ load.cog.z [mm]

_3. 轴配置数据

_ load.aom.q1

_ load.aom.q2

_ load.aom.q3

_ load.aom.q3

_ 4. 搬运对象的惯性

_ ix

_ iy

_ Iz [kgm2]

（5）实际使用说明如图 5-41 所示：

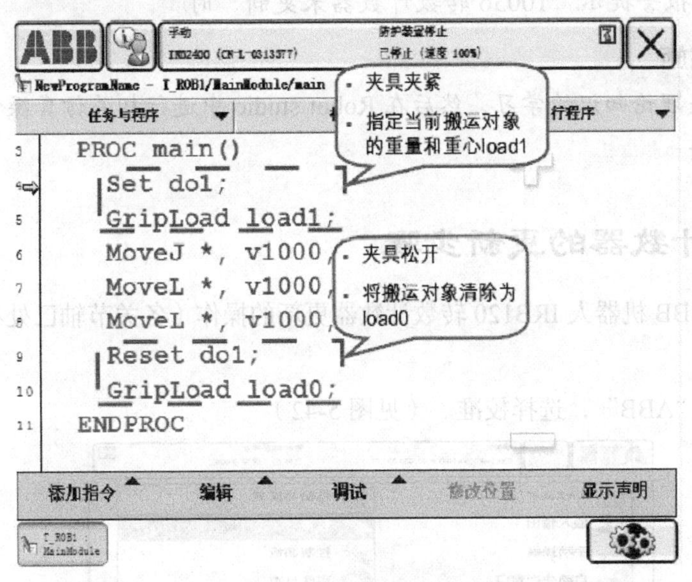

图 5-41　有效载荷的建立过程

任务四　工业机器人工校准

任务目标

1. 理解人工校准的意义

2. 掌握 ABB 工业机器人转数计数器更新操作的技能

任务引入

六个关节轴都有一个机械原点，当某些意外发生后，需要对机器人进行返回机械原点操作，并且进行转数计数器的更新操作。ABB 机器人六个关节轴都有一个机械原点的位置。在以下情况下需要对机械原点的位置进行转数计数器更新操作：

1）更新伺服电动机转数计数器电池后

2）当转数计数器发生故障，修复后

3）转数计数器与测量版之间断开过以后

4）断电后，机器人关节轴发生了移动

5）当系统报警提示“10036 转数计数器未更新”时

任务实施

先进行相关理论知识的学习，然后在 Robot studio 中进行相关仿真操作，最后进行相关实际操作实验

转数计数器的更新步骤

以下是进行 ABB 机器人 IRB120 转数计数器更新的操作（各关节轴已处在机械原点位置才可）：

（1）单击“ABB”，选择校准。（见图 5-42）

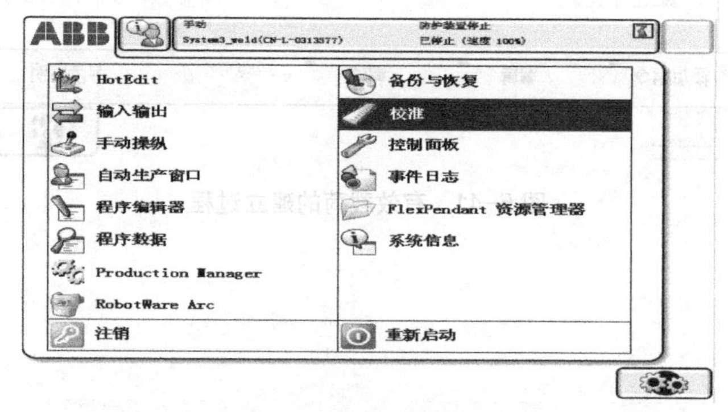

图 5-42　转数计数器更新步骤

（2）单击“ROB-1”。（见图 5-43）

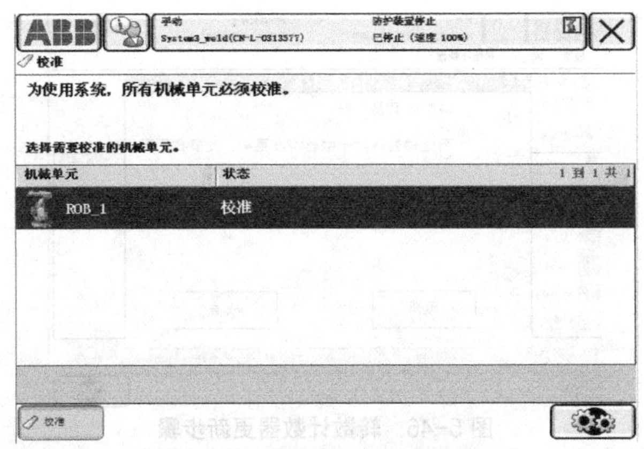

图 5-43　转数计数器更新步骤

（3）选择“更新转数计数器”。（见图 5-44）

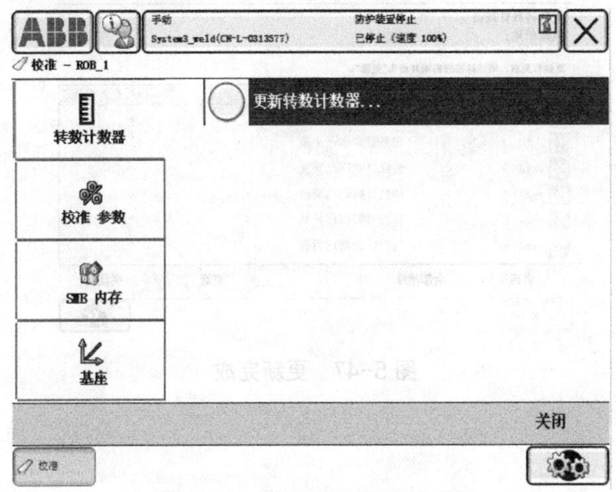

图 5-44　转数计数器更新步骤

（4）单击“是”。（见图 5-45）

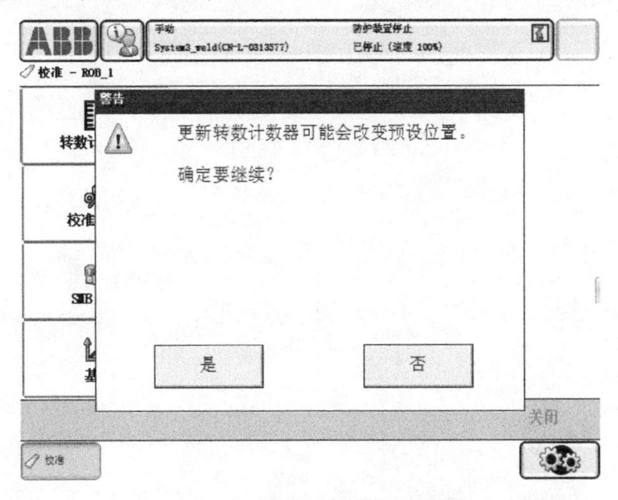

图 5-45　转数计数器更新步骤

（5）单击“全选”，然后单击“更新”。（见图 5-46）

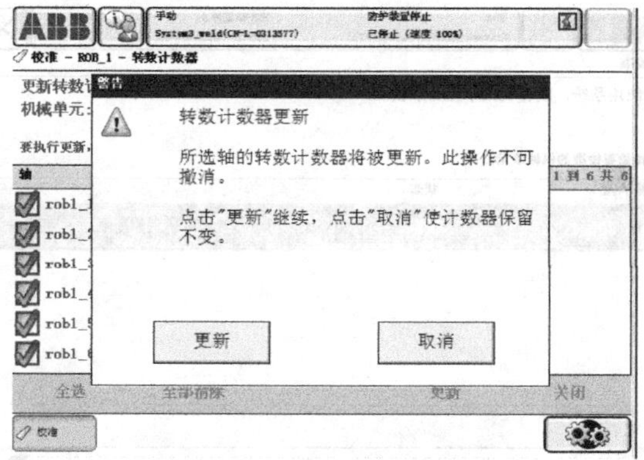

图 5-46　转数计数器更新步骤

（6）更新完成。（见图 5-47）

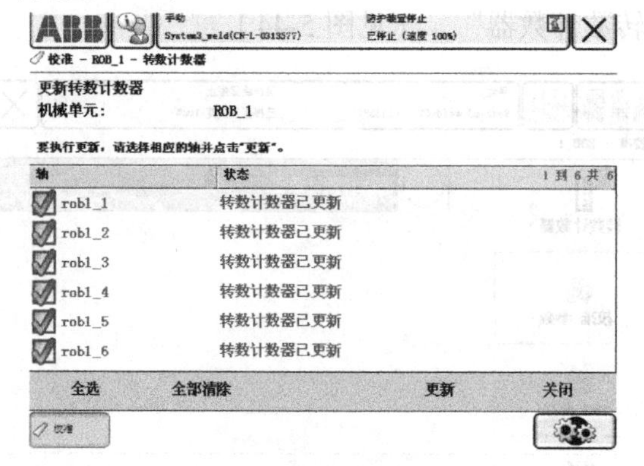

图 5-47　更新完成

项目六　工业机器人搬运编程与操作

项目概述

本工作站以太阳能薄板搬运为例，利用 IRB120 机器人在流水线上拾取太阳能薄板工件，将其搬运至暂存盒中，以便周转至下一工位进行处理。本工作站中已经预设搬运动作效果，大家需要在此工作站中依次完成 I/O 配置、程序数据创建、目标点示教、程序编写及调试，最终完成整个搬运工作站的搬运过程。通过本章的学习，大家可以学会工业机器人的搬运应用，学会工业机器人搬运程序的编写技巧。

ABB 机器人在搬运方面有众多成熟的解决方案，在 3C、食品、医药、化工、金属加工、太阳能等领域均有广泛的应用，涉及物流输送、周转、仓储等。采用机器人搬运可大幅提高生产效率、节省劳动力成本、提高精度定位并降低搬运过程中产品的损坏率。

任务一　搬运工作过程与规划

任务目标

1. 了解工业机器人搬运工作站布局
2. 掌握搬运过程相关规划及程序编写的技能
3. 建立一个 ABB 工业机器人的搬运工作站，并进行相关仿真

任务描述

装配车间物料搬运的特点是零件种类多、物流量大、涉及面广。因此装配车间的物料搬运系统能否有效运转，会直接影响产品质量、劳动效率、生产成本及企业的效益。本任务主要是建立一个 ABB 工业机器人的搬运工作站，并进行相关仿真。

任务实施

利用 Robot studio 进行搬运工作站的建立，并进行相关搬运路径规划及完成程序编写。

6.1.1 建立工作站的准备工作

建立相关搬运工作站，首先需要进行工作站的解包，工作站解包过程如图 6-1 ～ 6-7：

图 6-1　工作站解包过程

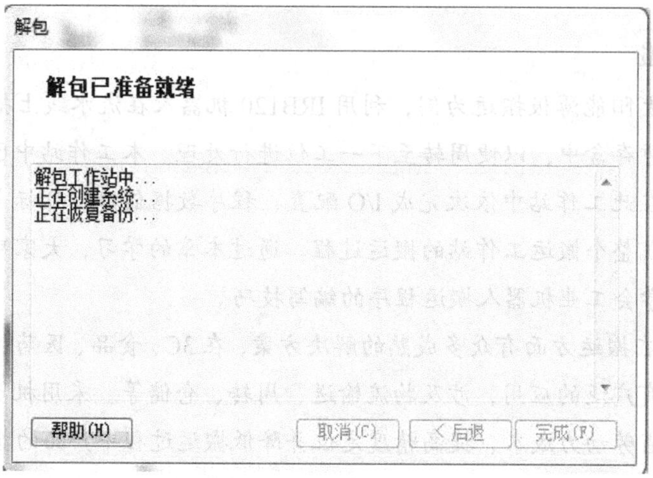

解包

解包已准备就绪

解包工作站中...
正在创建系统...
正在恢复备份...

帮助(H)　取消(C)　< 后退　完成(F)

图 6-2　工作站解包过程

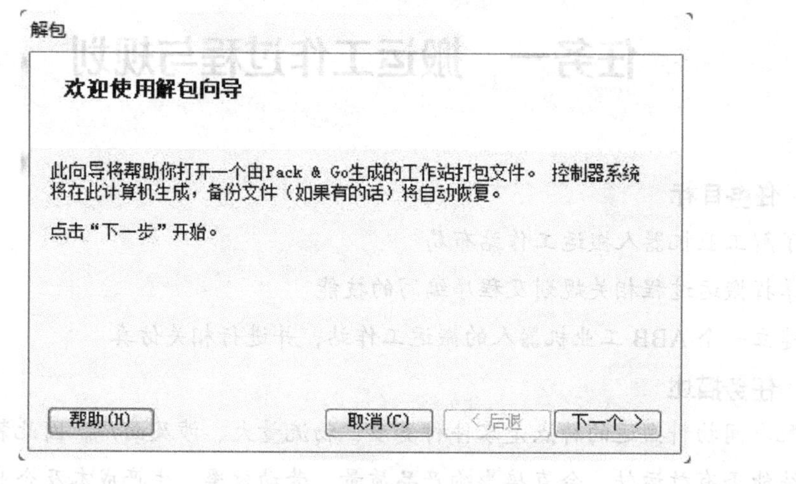

图 6-3　工作站解包过程

解包
选择打包文件
选择要解包的打包文件
C:\Users\Administrator.T09GPZWRFOTOIPU\Desktop\新建文件
浏览...
选择存放解包文件的目录
C:\Users\Administrator.T09GPZWRFOTOIPU\Documents\RobotS
浏览...
帮助(H)
取消(C)
< 后退
下一个 >

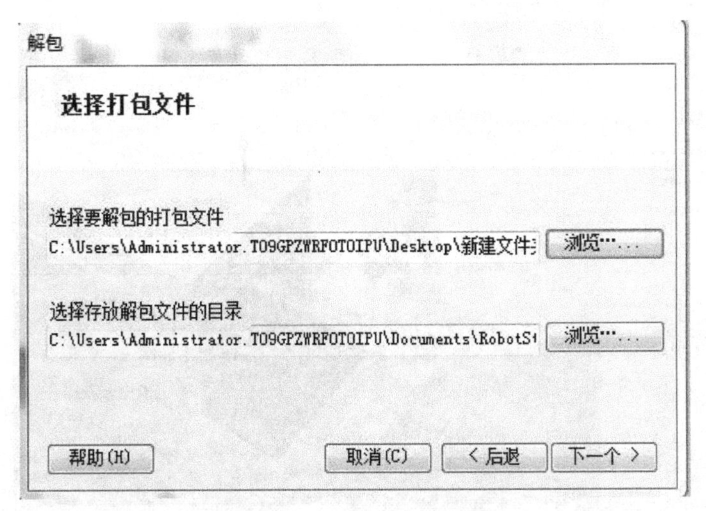

图 6-4　工作站解包过程

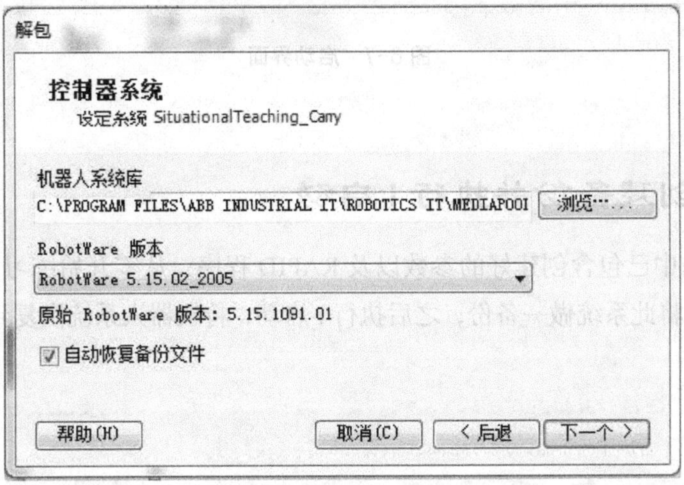

解包
控制器系统
设定系统 SituationalTeaching_Carry
机器人系统库
C:\PROGRAM FILES\ABB INDUSTRIAL IT\ROBOTICS IT\MEDIAPOOI
浏览...
RobotWare 版本
RobotWare 5.15.02_2005
原始 RobotWare 版本: 5.15.1091.01
自动恢复备份文件
帮助(H)
取消(C)
< 后退
下一个 >

图 6-5　工作站解包过程

解包
解包已准备就绪
确认以下的设置，然后点击"完成"解包和打开工作站
解包的文件:
C:\Users\Administrator.T09GPZWRFOTOIPU\Desktop\新建文件夹(2)\SituationalTeaching_Carry.rspag
目标:
C:\Users\Administrator.T09GPZWRFOTOIPU\Documents\RobotStudio
设定系统 SituationalTeaching_Carry:
使用RobotWare 5.15.02_2005
自动恢复备份文件
帮助(H)
取消(C)
< 后退
完成(F)

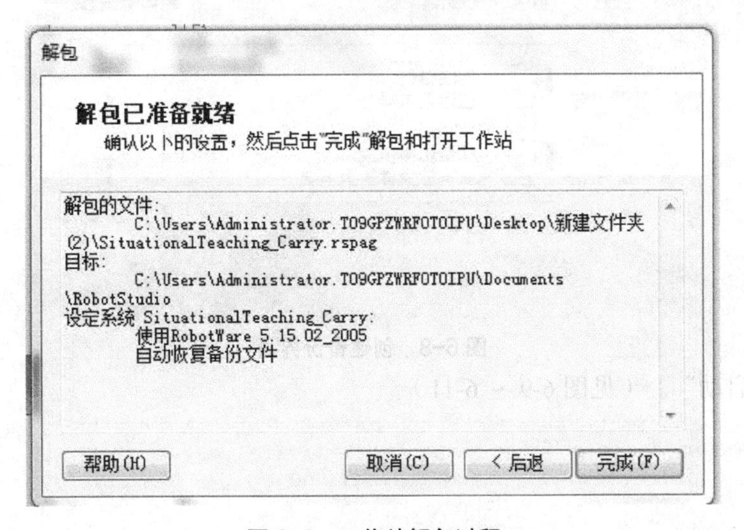

图 6-6　工作站解包过程

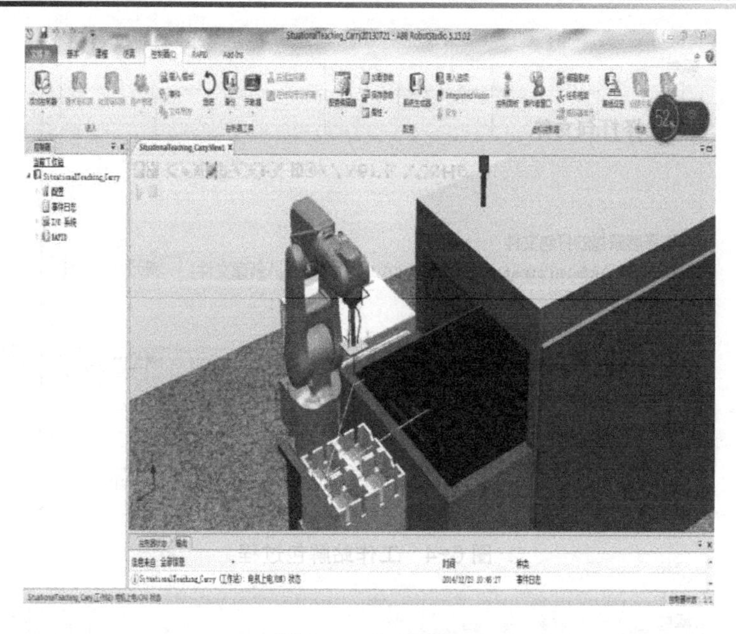

图 6-7　启动界面

6.1.2 创建备份并执行 I 启动

现有工作站中已包含创建好的参数以及 RAPID 程序，从零开始练习建立工作站的配置工作，需要先将此系统做一备份，之后执行 I 启动，将机器人系统恢复到出厂初始状态。（见图 6-8）

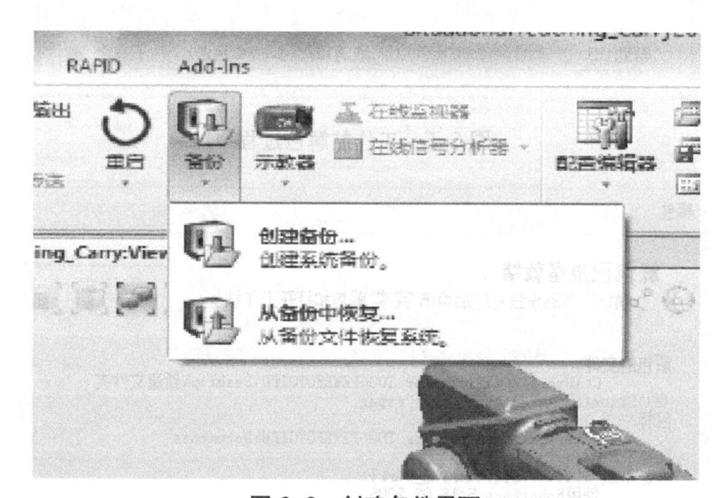

图 6-8　创建备份界面

执行“I 启动”。（见图 6-9 ~ 6-11）

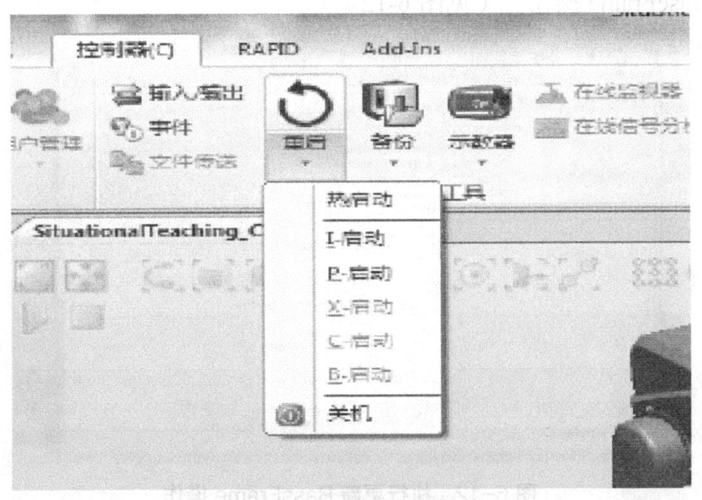

图 6-9　执行“I 启动”

图 6-10　重启控制器

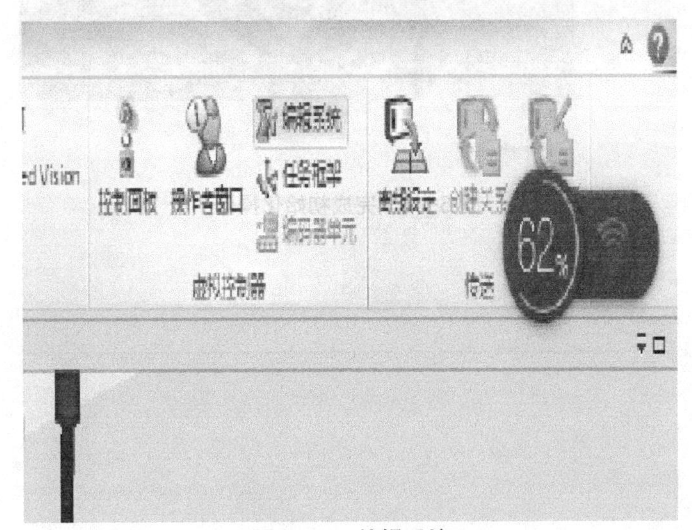

图 6-11　编辑系统

执行更新 BaseFrame 操作。（见图 6-12）

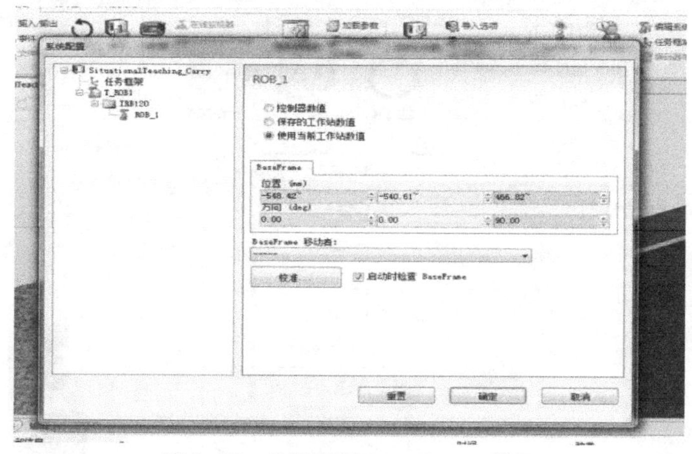

图 6-12　执行更新 BassFrame 操作

待执行热启动后，则完成了工作站的初始化操作。（见图 6-13）

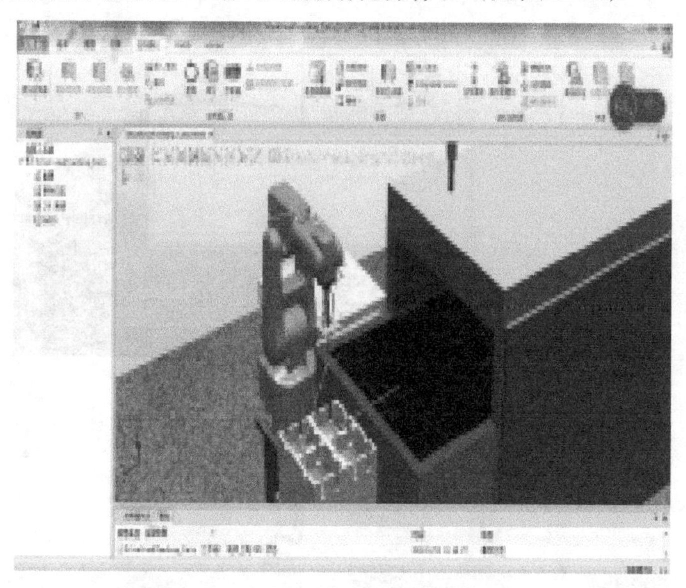

图 6-13　完成初始化操作

任务二　搬运工作站的建立与编程

任务目标

1. 学会搬运常用 I/O 配置。
2. 学会程序数据创建。
3. 学会目标点创建。
4. 学会程序调试。

任务引入

所谓路径规划是给指定移动机械手的初始位姿及机械手末端的目标位姿，在移动机械手各广义坐标的工作范围内寻找一条无碰撞路径。通过轨迹规划使机器人运动平滑、平稳，减少撞击和振动，对提高机器人的稳定性、可靠性、工作效率有重要意义，本任务主要完成工业机器人搬运路径规划及相关程序的编写。

任务实施

利用 Robot studio 进行搬运仿真实验

6.2.1 配置 I/O 单元

在虚拟示教器中，根据以下的参数配置 I/O 单元。（见表 6-1）

表 6-1　配置 I/O 单元

Name	Type of unit	Connected to bus	Devicenet address
Board10	D651	Devicenet1	10

6.2.2 配置 I/O 信号

在虚拟示教器中，根据以下参数配置 I/O 信号。（见表 6-2）

表 6-2　配置 I/O 信号

Name	Type of signal	Assigned to unit	Unit mapping	I/O 信号注释
Di00_BufferReady	Digitial input	Board10	0	暂存装置到位信号
Di01_panelinpickpos	Digitial input	Board10	1	产品到位信号
Di02_vacuumOK	Digitial input	Board10	2	真空反馈信号

Di03_start	Digitial input	Board10	3	外接“开始”
Di04_stop	Digitial input	Board10	4	外接“停止”
Di05_startatmain	Digitial input	Board10	5	外接“从主程序开始”
Di06_estopreset	Digitial input	Board10	6	外接“急停复位”
Di07_motoron	Digitial input	Board10	7	外接“电动机上电”
Do32_vacuumopen	Digitial output	Board10	32	打开真空
Do33_autoon	Digitial output	Board10	33	自动状态输出信号
Do34_bufferfull	Digitial output	Board10	34	暂存装置满载

6.2.3 配置系统输入 / 输出

在虚拟示教器中，根据以下参数配置做系统输入 / 输出信号。（见表 6-3）

表 6-3　参数配置

Type	Signal name	Action/status	Argumentl	注释
System input	Di03_start	start	continuous	程序启动
System input	Di04_stop	stop	无	程序停止
System input	Di05_startatmain	startatmain	continuous	从主程序启动
System input	Di06_estopreset	resetestop	无	急停状态恢复
System input	Di07_motoron	motoron	无	电机上电
System output	Do33_autoon	autoon	无	自动状态输出

6.2.4 创建工具数据

在虚拟示教器中，根据以下参数设定工具数据 tGripper。（见表 6-4）

6-4　参数设定工具

参数名称	参数数值
Robothold	TRUE
trans	
X	0
Y	0
Z	115
rot	
Q1	1
Q2	0

续表

参数名称	参数数值
Robothold	TRUE
Q3	0
Q4	0
mass	1
cog	
X	0
Y	0
Z	100
其余参数均为默认值	

6.2.5 创建工件坐标系数据

在本工作站中，工件坐标系均采用用户 3 点法创建。

6.2.6 创建载荷数据

在虚拟示教器中，根据以下参数设定载荷数据 Loadfull。（见表 6-5）

表 6-5　参数设定载荷数据 loadfull

参数名称	参数数值
mass	0.5
cog	
X	0
Z	3
其余参数均为默认值	

6.2.7 导入程序模板

在之前创建的备份文件中包含本工作站的 RAPID 程序模板。此程序模板已能够实现本工作站机器人的完整逻辑及动作控制，只需对几个位置点进行适当的修改，便可正常运行。

注意：若导入程序模板时，提示工具数据、工件坐标数据和有效载荷数据命名不明确，则再手动操纵画面将之前设定的数据删除，进行导入程序模板的操作。

可以通过虚拟示教器导入程序模块，也可通过 Robotstudio“离线”菜单中的“加载模块”来导入，这里以软件操作为例来介绍加载模块的步骤。（见图 6-15）

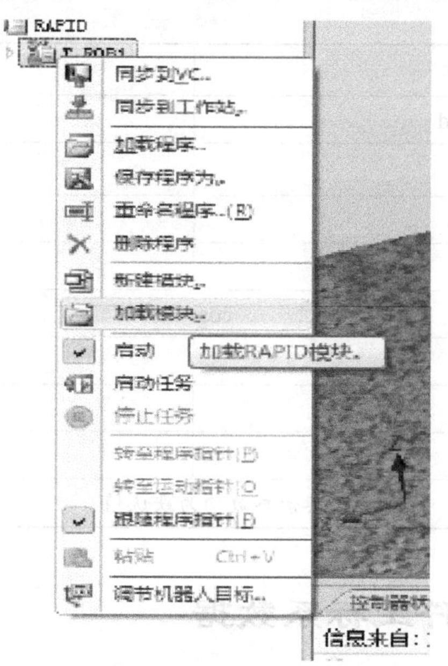

图 6-15 加载模块的步骤

浏览之前创建的备份文件夹。（见图 6-16）

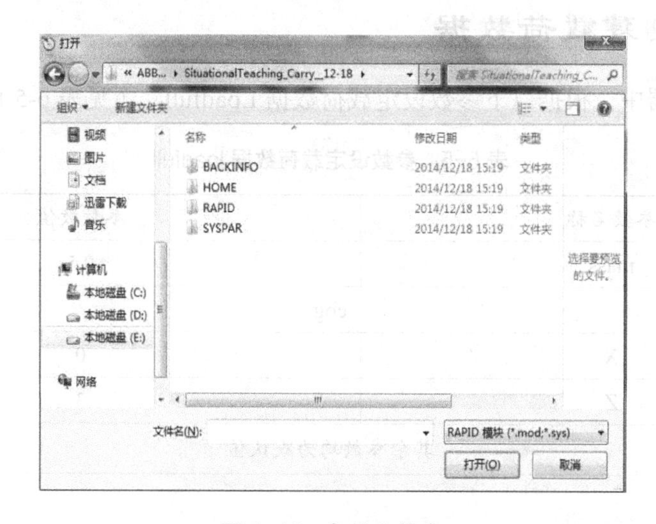

图 6-16 备份文件夹

然后打开文件夹“RAPID”-“TASK1”-“PROGMOD”，找到程序模块“MainMoudle.mod”。（见图 6-17）

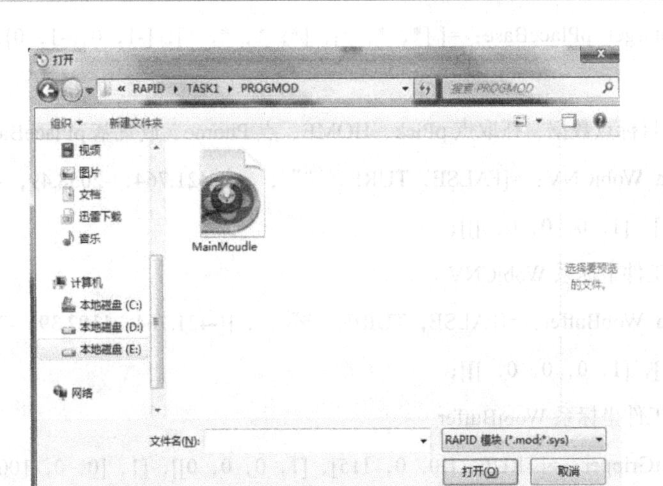

图 6-17　程序模块“MainMoudle.mod”

跳出“同步工作站”对话框。（见图 6-18）

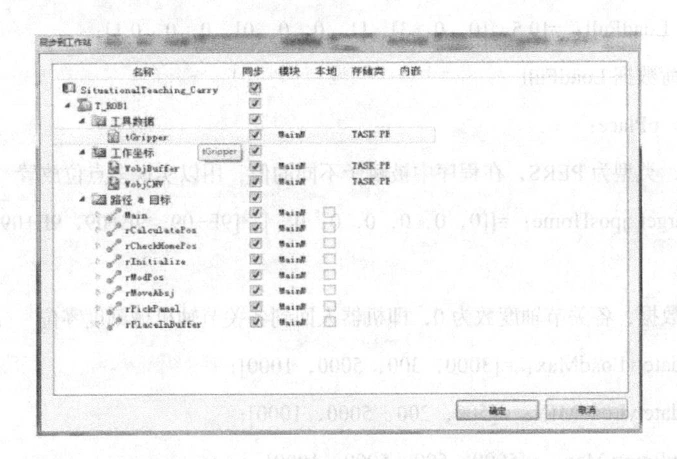

图 6-18　“同步工作站”对话框

6.2.8 程序注解

本工作站要实现动作是机器人在流水线上拾取太阳能薄板工件，将其搬运到暂存的盒子中，以便于周转到下一工位进行处理。

在熟悉了此 RAPID 程序后，可以根据实际需要在此程序的基础上做适用性的修改，以满足实际逻辑与动作的控制。

以下是实现机器人逻辑和动作控制的 RAPID 程序

```
MOUDIE MainMoudle
CONST robtarget pPick: =[ [*, *, *], [*, *, *, *], [0, 0, 0, 0], [9E9, 9E9, 9E9, 9E9, 9E9, 9E9]];
CONST robtarget pHome: =[ [*, *, *], [*, *, *, *], [0, 0, 0, 0], [9E9, 9E9, 9E9, 9E9, 9E9, 9E9]];
```

CONST robtarget pPlaceBase：=[[*，*，*]，[*，*，*，*]，[-1，0，-1，0]，[9E9，9E9，9E9，9E9，9E9，9E9]]；

！需要示范的目标点数据，抓取点 pPick、HOME、点 Phome、放置基 pPlaceBase

PERS wobjdata WobjCNV：=[FALSE，TURE，“”，，[[-421.764，-2058.49，-233.373]，[1，0，0，0]]，，[[0，0，0，]，[1，0，0，0，]]]；

！定义输送带工件坐标系 WobjCNV

PERS wobjdata WobBuffer：=[FALSE，TURE，“”，，[[-421.764，1102.39，-233.373]，[1，0，0，0]]，，[[0，0，0，]，[1，0，0，0，]]]；

！定义暂存盒工件坐标系 WobjBuffer

PERS tooldata tGripper：=[TRUE，[[0，0，115]，[1，0，0，0]]，[1，[0，0，100]，[1，0，0，0]，0，0，0]]；

！定义工具坐标系数据 tGripper

PERS loaddata LoadFull：=[0.5，[0，0，3]，[1，0，0，0]，0，0，0.1]；

！定义有效载荷数据 LoadFull

PERS robtarget pPlace：

！放置目标点，类型为 PERS，在程序中被赋予不同的值，用以实现多点位放置

CONST jointtarget jposHome：=[[0，0，0，0，0，0，]，[9E+09，9E+09，9E+09，9E+09，9E+09，9E+09]]；

！关节目标点数据，各关节轴度数为 0，即机器人回到各关节轴机械刻度零位

CONST speeddate vLoadMax：=[3000，300，5000，1000]；

CONST speeddate vLoadMIN：=[500，200，5000，1000]；

CONST speeddate vEmptyMax：=[5000，500，5000，1000]；

CONST speeddate vEmptyMIN：=[1000，200，5000，1000]；

！速度数据，根据实际需求定义多组数据，以便于控制机器人各动作的速度

PERS num nCount：=1：

！数字型变量年 Count，此数据用于太阳能薄板技术，根据此数据的数值赋予放置目标点 pPlace 不同的位置数据，以实现多点位放置

PERS num nXoffset：=145；

PRES num nYoffset：=148：

！数字型变量，用作放置位置偏移数值，即太阳能板摆放位置之间 X、Y 方向的单个间隔距离

VAR bool bPickOk：=False：

！布尔量，当拾取动作完成后将其置为 True，放置完成后将其置为 False，以做逻辑控制之用

PROC Main（）

！主程序

rInitialize：

！调用初始化程序

WHILE TRUE DO

！利用 WHILE 循环将初始化程序隔开

rPickpanel；

！调用拾取程序

rPlaceInBuffer；

！调用放置程序

Waittime0.3，

！循环等待时间，防止在不满足机器人动作情况下程序扫描过快，造成 CPU 超过负载

ENDPROC

PROC rIntialize（）

！初始化程序

rCheckHomePos；

！机器人位置初始化，调用检测是否在 Home 位置点程序，检测当前机器人位置是否在 HOME 点，若在 HOME 点的话则继续执行之后的初始化相关指令；若不在 HOME 点，则先返回至 HOME 点

年 Count：=1；

！计数初始化，将用于太阳能薄板的计数数值设置为 1，即从放置的第一个位置开始摆放

Reset do32_VacuumOpen；

！信号初始化，复位真空信号，关闭真空

bPickOK：=False；

！布尔量初始化，将拾取布尔量置为 False

ENDPROC

PROC rPickPlanel（）

！拾取太阳能薄板程序

IFbPickOK=Flase THEN

！当拾取布尔量 bPickOk 为 False 时，则执行 IF 条件下的拾取动作指令，否则执行 ELSE 中出错处理的指令，因为当机器人去拾取太阳能薄板时，需要保证真空夹具上面没有太阳能薄板

MOVEJ offs（pPick，0，0，100），vEmptyMax，Z20，tGripper \ WObj：=WobjCNV；

！利用 Movej 指令移至拾取位置 pPick 点正上方 Z 轴正方向 100mm 处

WaitDI di_PanelInPickpos，1；

！等待产品到位信号 Dio1_PanelInpickPos 变为 1，即太阳能薄板已到位

MoveL pPick，vEmptyMin，fine，tGripper \ Wobj：=WobjCNV；

！产品到位后，利用 Movel 移至拾取位置 pPick 点

Set do32_VacuumOpen；

将真空信号置为 1，即真空夹具产生的真空度达到需求后才认为已将产品完全拾取起。若真空夹具

上面没有真空反馈信号，则可以使用固定等待时间，如 Waittime0.3：

bPickOK：=TRUE；

！真空建立后，将拾取的布尔量置为 TRUE，表示机器人夹具上面已经拾取一个产品，以便在放置程序中判断夹具的当前状态。

GripLoad LoadFull：

！加载载荷数据 LoadFull

Movel offs（pPick，0，0，100），vLoadMin，z10，tGripper \ Wobj：=WobjCNV：

！利用 MoveL 移至拾取位置 pPick 点正上方 100mm 处

ELSE

TPWRITE" Cycle Restart Error"：

TPWRITE" Cycle can' t start with SolarPanel on Gripper"：

TPWRITE" Please check the Gripper and then restart next cycle"：

Stop：

！如果在拾取开始之前拾取布尔量已经为 TRUE，则表示机具上面显示已有产品，此种情况下机器人不能再去拾取另一个产品。此时通过写屏指令描述当前错误状态，并提示操作员检查当前夹具状态，排除错误状态后再开始下一循环。同时利用 Stop 指令，停止程序运行

ENDIF

PROC rPlaceInBuffer（）

！放置程序

IF bPickOK=TRUE THEN

rCalculatePos：

！调用计算放置位置程序。此程序中会通过判断当前计数 nCount 的值，从而对放置点 Place 赋予不同的位置数据

WaitDI di00_BufferReady，1：

！等待暂存盒准备完成信号 di00_BufferReady 变为 1

MoveJ offs（pPlace，0，0，100），vLoadMAX，z20，tGripper \ Wobj：=WObjBUffer：

！利用 MoveJ 移至放置位置 pPlace 点正上方 100mm 处

MoveJ pPlace，vLoadMin，fine，tGripper \ Wobj：=WObjBUffer：

！利用 MoveJ 移至放置位置 pPlace 点处

Reset do32_VacuumOpen：

！复位真空信号，控制真空夹具关闭真空，将产品放下

WaitDI di02_VacuumOk，0：

！等待真空反馈信号变为 0

Waittime0.3：

！等待 0.3s，以防止刚放好的产品被剩余的真空带起

GripLoad Load0；

！加载载荷数据 load0

bPickOK：=FALSE：

！此时真空夹具已经将产品放下，需要将拾取布尔量置为 FALSE，以便在下一个循环的拾取程序中判断夹具的当前状态

MoveL offs（pPlace，0，0，100），vEmptyMin，z10，tGripper \ Wobj：=WObjBUffer：

！利用 MoveL 移至放置位 pPlace 点正上方 100mm 处

nCoun：=nCount+1；

！产品计数 nCount 加 1，通过累计 nCount 的数值，在计算放置位置的程序 rCalculatePos 中赋予放置点 pPlace 不同位置数据

IF nCount>4 THEN

！判断计数 nCount 是否大于 4，此处演示的状况是放置 4 个产品，即表示已满载，需要更换暂存盒以及其他的复位操作，如计数 nCount、满载信号等

nCount：=1：

！计数复位，将 nCount 赋值为 1

Set do34_BufferFull;

！输出暂存盒满载信号，以提示操作员或周边设备更换暂存装置

MoveJ pHome，vEmptyMax，fine，tGripper：

！机器人移至 Home 点，此处可根据实际情况来设置机器人的动作，例如若是多工位放置，那么机器人可继续去其他的位置工位进行产品的放置任务

WaitDI di00_BufferReady，0：

！等待暂存装置到位信号变为 0，即满载的暂存装置被取走

Reset do34_BufferFull;

！满载的暂存装置被取走后，则复位暂存装置满载信号

ENDIF

ENDIF

ENDPROC

PROC rCalculatePos（）

！计算位置子程序

TEST nCount

！检测当前计数 nCount 的数值

CASE 1：

pPlace：=offs（pPlaceBase，0，0，0）：

！若 nCount 为 1，则利用 Offs 指令，以 pPlaceBase 为基准点，在坐标系 WobjBuffer 中沿着 X、Y、Z 方向偏移相应的数值，此处 pPlaceBase 点就是放置的位置，所以 X、Y、Z 偏移值均为 0，也可直接写成：

pPlace：=pPlaceBase；

CASE 2：

pPlace：=offs（pPlaceBase，nXoffset，0，0）；

！若 nCount 为 2，如图 2-9 中所示，位置 2 相对于位置基准点 pPalceBase 点只是在 X 正方向偏移了一个产品间隔（PERS num nXoffset：=145；PERS num nYoffset：=148；），由于程序是在工件坐标系 WobjBuffer 下进行放置动作，所以这里所涉及的 X、Y、Z 方向均指的是 WobjBuffer 坐标系方向

CASE 3：

pPlace：=offs（pPlaceBase，0，nYoffset，0）；

！若 nCount 为 3，如图 2-9 中所示，位置 3 相对于位置基准点 pPalceBase 点只是在 Y 正方向偏移了一个产品间隔（PERS num nXoffset：=145；PERS num nYoffset：=148；）

CASE 4：

pPlace：=offs（pPlaceBase，nXoffset，nXoffset，0）；

！若 nCount 为 4，如图 2-9 中所示，位置 4 相对于位置基准点 pPalceBase 点只是在 X、Y 正方向各偏移了一个产品间隔（PERS num nXoffset：=145；PERS num nYoffset：=148；）

DEFAULT：

TPERASE

TPWRITE"The CountNumber is error，please check it!"；

STOP：

若 nCount 数值不为 Case 中所列的数值，则被视为计数出错，写屏提示错误信息，并利用 Stop 指令停止程序循环

ENDTEST

ENDPROC

PROC rCheckHome Pos（）

！检测是否在 Home 点程序

VAR robtarget pActualPos：

！定义一个目标点数据 pActualPos

IF NOT CurrentPos（pHome，tGripper）THEN

！调用功能程序 CurrentPos。此为一个布尔量型的功能程序，括号里面的参数分别指的是所要比较的目标点以及使用的工具数据。这里写入的是 pHome，是将当前机器人位置与 pHome 点进行比较，若在 Home 点，则此布尔量为 Ture；若不在 Home 点，在则为 False。在此功能程序的前面加上一个 NOT，则表示机器人不在 Home 点时才会执行 IF 判断中机器人返回 Home 点的动作指令

pActualpos：=CRobt（\Tool：=tGripper\WObj：=wobj0）；

！利用 CRobt 功能读取当前机器人目标位置并赋值给目标点数据 pActualpos

pActualpos.trans.z：=pHome.trans.z；

！将 pHome 点的 Z 值赋给 pActualpos 点的 Z 值

```
MoveL pActualpos，v100，z10，tGripper；
!移至已被赋值后的 pActualpos 点
MoveL pHome，v100，z10，tGripper；
!移至 pHome 点，上诉指令的目的是需要先将机器人提升至与 pHome 点一样的高度，之后再平移至 pHomedian，这样可以简单地规划一条安全回 Home 点的轨迹
ENDIF
ENDPROC
FUNC bool CurrentPos（robtarget ComparePos，INOUT tooldata TCP）
!检测目标点功能程序，带有两个参数，比较点和所使用的工具数据
VAR num Counter：=0；
!定义数字型数据 Counter
VAR robtarget ActualPos；
!定义目标点数据 ActualPos
ActualPos：=CROBT（\Tool：=tGripper\WObj：=wobj0）；
!利用 CRobT 功能读取当前机器人目标位置并赋值给 ActualPos
IF    ActualPos.trans.x>ComparePos.trans.x-25              AND
ActualPos.trans.x<ComparePos.trans.x+25 Counter：=Counter+1
IF    ActualPos.trans.y>ComparePos.trans.y-25              AND
ActualPos.trans.y<ComparePos.trans.y+25 Counter：=Counter+1
IF    ActualPos.trans.z>ComparePos.trans.z-25              AND
ActualPos.trans.z<ComparePos.trans.z+25 Counter：=Counter+1
IF    ActualPos.rot.q1>ComparePos.rot.q1-0.1               AND
ActualPos..rot.q1<ComparePos.rot.q1+0.1 Counter：=Counter+1
IF    ActualPos.rot.q2>ComparePos.rot.q2-0.1               AND
ActualPos..rot.q2<ComparePos.rot.q2+0.1 Counter：=Counter+1
IF    ActualPos.rot.q3>ComparePos.rot.q3-0.1               AND
ActualPos..rot.q3<ComparePos.rot.3+0.1 Counter：=Counter+1
IF    ActualPos.rot.q4>ComparePos.rot.q4-0.1               AND
ActualPos..rot.q4<ComparePos.rot.q4+0.1 Counter：=Counter+1
!将当前机器人所在目标位置数据与给定目标数据进行比较，共七项数值，分别是 X、Y、Z 坐标值以及工具姿态数据 q1、q2、q3、q4 里面的偏差值，如 X、Y、Z 坐标偏差值“25”可根据实际情况进行调整。每项比较结果成立，则计数 Counter 加 1，七项全部满足的话，则 Counter 数值为 7
RETURN Counter=7；
!返回判断式结果，若 Counter 为 7，则返回 TURE，若不为 7，则返回 FALSE
ENDFUNC
```

```
PROC rMoveAbsj（）
MoveAbsj jposHome\NoEOffs，v100，fine，tGripper\WObj：=wobj0：
!利用 MoveAbsj 移至机器人各关节轴零件位置
ENDPROC
PROC rModPos（）
!示教目标点程序
MoveL pPick，v10，fine，tGripper\WObj：=WobjCNV：
!示教拾取点 pPick，在工件坐标系 WobjCNV 下
MoveL pPlaceBase，v10，fine，tGripper\WObj：=WobjBuffer：
!示教基准点 pPlaceBase，在工件坐标系 WobjBuffer 下
MoveL pHome，v10，fine，tGripper：
!示教 Home 点 pHome，在工件坐标系 Wobj0 下
ENDPROC
ENDMOUDLE
```

6.2.9 程序修改

根据实际情况，若需要在此程序基础上做出适应性的修改，可以采取基本的方式，即通过示范教器的程序编辑器（见图 6-19）进行修改，也可以利用 robotstudio 的 RAPID 编辑器功能直接对程序文本进行编辑，后者更为方便快捷，下面对后者进行相关介绍。

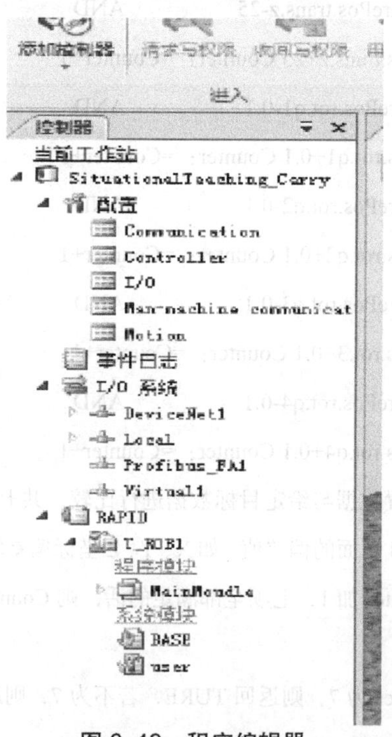

图 6-19　程序编辑器

在“离线”菜单中，左侧“离线”窗口中一次展开 SituationalTeaching_Carry—RAPID—T_ROB1—程序模块，双击需要打开的程序模块 Module，即可以对该模块进行文本编辑。（见图 6-20）

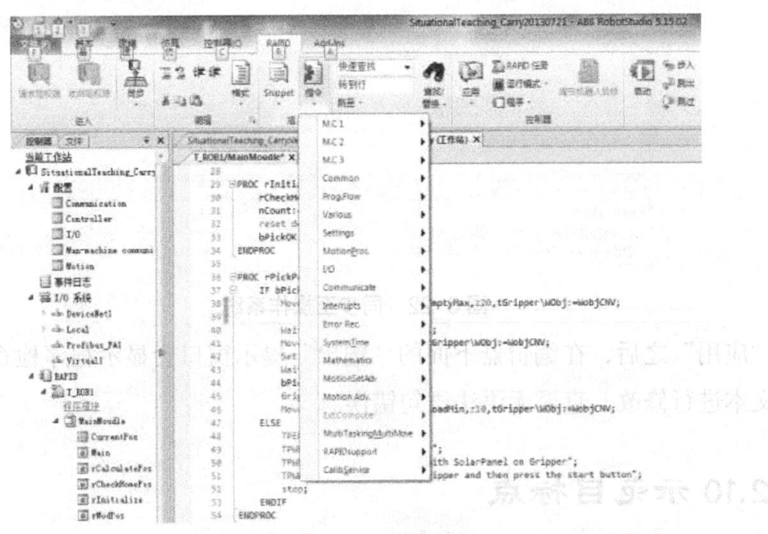

图 6-20　文本编辑模块

在 RAPID 编辑器中可以记住复制、添加、粘贴、删除等常规文本操作。若对 RAPID 指令不太熟悉可单击编辑器工具栏中的“指令表”，选择所需添加指令，同时又有语法提示，便于程序语言编辑。

编辑完成之后，单击编辑器工具栏左上角的“应用”，即可将所做修改同步至操作系统中。（见图 6-21，6-22）

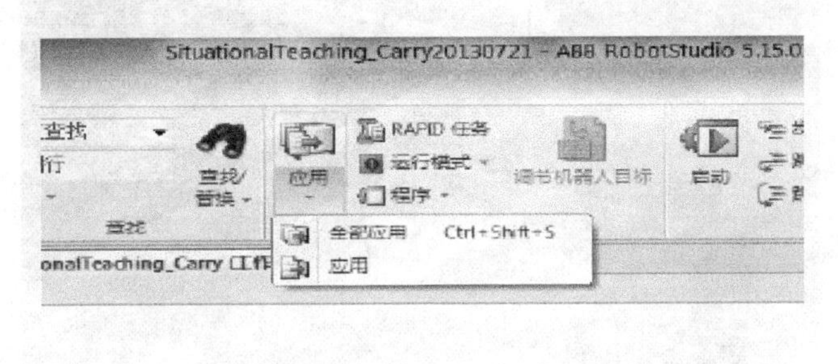

图 6-21　单击“应用”

```
34  ENDPROC
35
36  PROC rPickPanel()
37      IF bPickOK=False THEN
38          MoveJ offs(pPick,0,0,100),vEmptyMax,z20,tGripper\WObj:=WobjCNV;
39
40          WaitDI di01_PanelInPickPos,1;
41          MoveL pPick,vEmptyMin,fine,tGripper\WObj:=WobjCNV;
42          Set do32_VacuumOpen;
43          WaitDI di02_VacuumOK,1;
44          bPickOK:=TRUE;
45          GripLoad LoadFull;
46          MoveL offs(pPick,0,0,100),vLoadMin,z10,tGripper\WObj:=WobjCNV;
47      ELSE
48          TPERASE;
49          TPWRITE "Cycle Restart Error";
50          TPWRITE "Cycle can't start with SolarPanel on Gripper";
51          TPWRITE "Please check the Gripper and then press the start button";
52          stop;
```

控制器状态 输出 RAPID Watch 搜索结果

信息来自：全部信息	时间	种类
检查程序已启动：SituationalTeaching_Carry/RAPID/T_ROB1	2014/12/23 11:20:47	概述
已检查：SituationalTeaching_Carry/RAPID/T_ROB1：无错误。	2014/12/23 11:20:47	概述

图 6-22　同步至操作系统

单击“应用”之后，在编辑器下面的“输出”提示窗口会显示程序检查信息，根据错误提示对文本进行修改，直至无语法语句错误。

6.2.10 示范目标点

在本工作站中，需要示范三个目标点，分别为太阳能薄板拾取点 pPick，如图 6-23 所示；防止基准点 pPlaceBase，如图 6-24 所示；程序起始点 pHome，如图 6-25 所示。

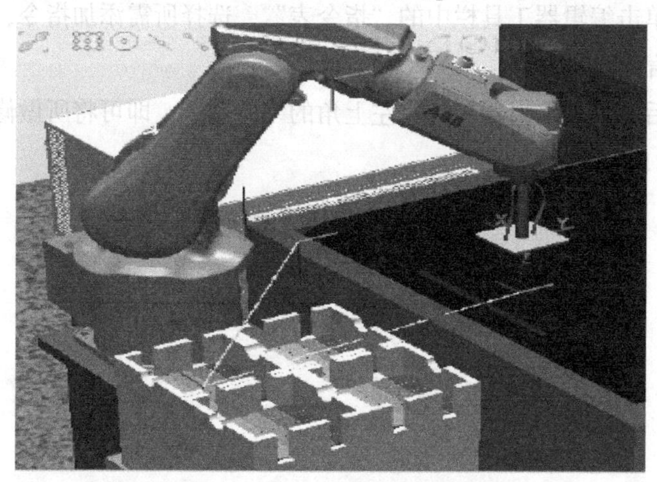

图 6-23　太阳能薄板拾取点 pPick

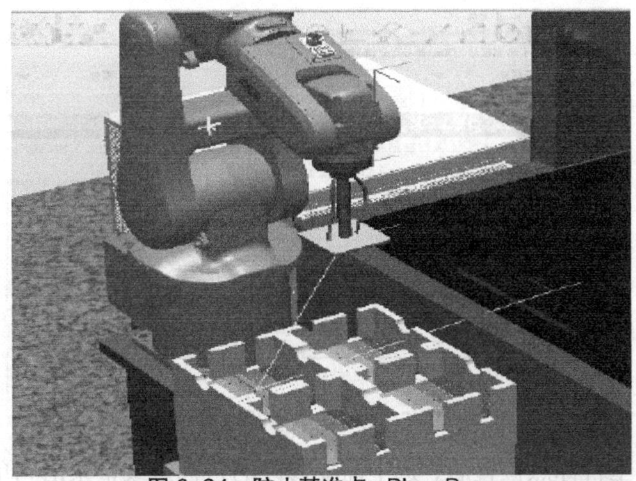

图 6-24　防止基准点 pPlaceBase

图 6-25　程序起始点 pHome

在 RAPID 程序模块中包含一个专门用于手动示教目标点的子程序 rModPos，在虚拟示教器中，进入“程序编辑器”，将指针移动至该子程序，之后通过虚拟示教器操纵机器人依次移动至拾取点 pPick、放置基准点 pPlaceBase、程序起始点 pHome，并通过修改位置将记录下来。（见图 6-26）

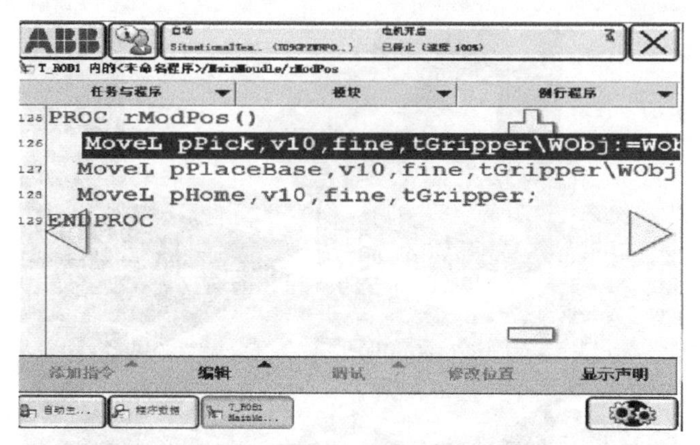

图 6-26　记录修改位置

将机器人移动至目标点位置后，选中需要修改的目标点或整条语句单击“修改位置”，即可对该目标点进行修改。

示范目标点完成后，即可进行仿真操作，查看一下工作站的整个工作流程。（见图 6-27）

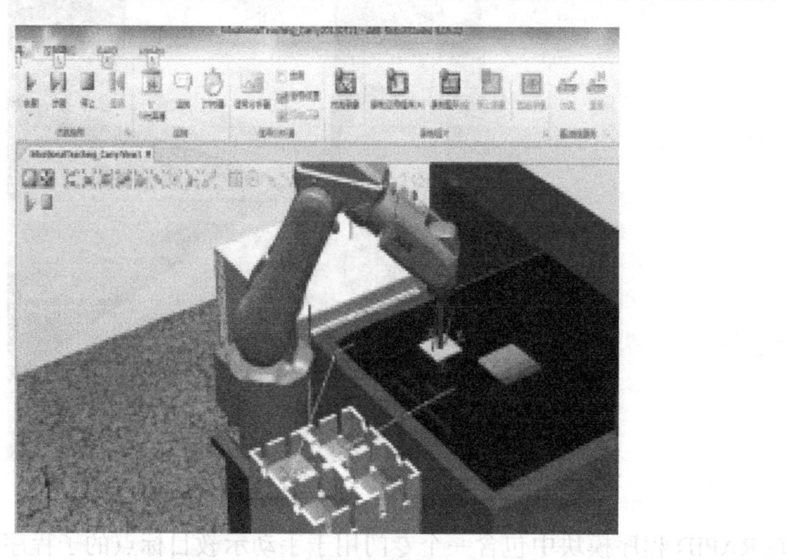

图 6-27　查看工作模式

任务三　知识扩展

任务目标

根据搬运程序进行相关的拓展

任务描述

进行相关的拓展学习

任务实施

根据编写搬运程序中遇到的困难，进行相应的拓展

在机器人系统中已预定义数个服务例行程序，如SMB电池节能、自动测定载荷等。其中，LoadIdentify可以测定工作载荷和有效载荷，可确认的数据是质量、重心和转动惯量。已确认数据一同提供的还有测量进度，该进度可以表明测定的进展情况。

在本案例中，由于工具及搬运工件结构简单，并且对称，所以可以直接通过手工测量的方法测出工具及工件的载荷数据，但若所用夹具或搬运工件较为复杂，不便于手工测量，则可使用此服务例行程序来自动测量出工具载荷或有效载荷。

项目七　工业机器人码垛编程与操作

项目概述

本工作站以纸箱码垛为例，采用ABB公司IRB460机器人完成双工位码垛任务，即两条产品输入线、两个产品输出位。本工作站中已经设定虚拟码垛相关的动作效果，包括产品流动、夹具动作以及产品拾放等，大家只需要在此工作站中依次完成I/O配置、程序数据创建、目标点示范、程序编写及调试，即可完成整个码垛工作站的码垛任务。目标是使学生了解工业机器人码垛工作站布局，学会码垛常用I/O配置及中断程序的运用等。

任务一　码垛工作过程分析与规划

任务目标

1. 了解工业机器人码垛工作站布局。

2.. 学会中断程序的运用。

3. 学会准确接触动作的应用。

任务描述

本工作站以纸箱码垛为例，采用ABB公司IRB460机器人完成双工位码垛任务，即两条产品输入线、两个产品输出位，具体如图7-1所示：

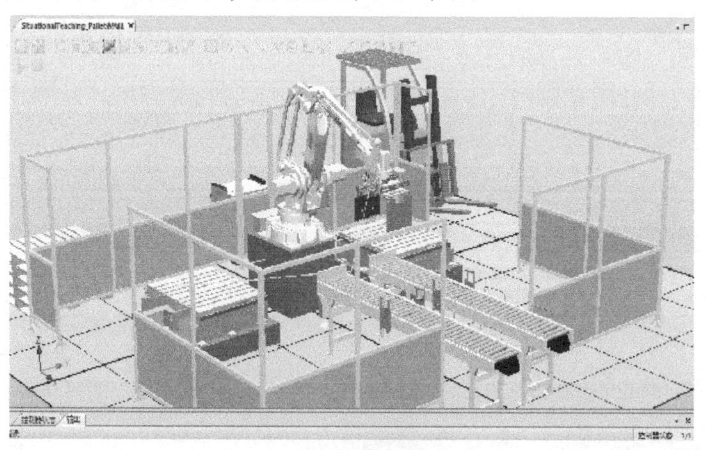

图7-1　工作布局图

任务实施

利用 Robot studio 进行相应的仿真，并进行相关程序的编写

7.1.1 轴配置监控指令

ConfL：指定机器人在线性运动及圆弧运动过程中是否严格遵循程序中已设定的轴配置参数。在默认情况下，轴配置监控是打开的，当关闭轴配置监控以后，机器人在运动过程中采取最接近当前轴配置数据的配置到达指定目标点。

例如：目标点 P10 中，数据 [1，0，1，0] 就是此目标点的轴配置数据：

```
CONST robtarget
P10：=[[*，*，*]，[*，*，*，*]，[1，0，1，0]，[9E9，9E9，9E9，9E9，9E9，9E9]]：
ConfL\Off；
Movel P10，V1000，fine，tool10；
```

机器人自动匹配一组最接近当前各关节轴姿态的轴配置数据移动至目标点 P10，到达 P10 时，轴配置数据不一定为程序中指定的 [1，0，1，0]。

在某些应用场合，如离线编程创建目标点或手动示范相邻两目标点间轴配置数据相差较大时，在机器人运动过程中容易出现报警“轴配置错误”而造成停机。此种情况下，若对轴配置要求较高，则一般通过添加中间过渡点；若对轴配置要求不高，则可通过指令 ConfL\Off 关闭轴监控，使机器人自动匹配可行的轴配置来到达指定目标点。

7.1.2 计时指令

在机器人运动过程中，经常需要利用计时功能来计算当前机器人的运行节拍，并通过写屏指令显示相关信息。

下面以一个完整的计时案例来学习关于计时并显示计时信息的综合运用。程序如下：

```
VAR clock clock1；！定义时钟数据 clock1
VAR num CycleTime；！定义数字型数据 CycleTime，用于存储时间数值
ClkReset clock1；　！时钟复位
ClkStart clock1；　！计时开始
……　　　！机器人运动指令等
ClkStop clock1；　！停止计时
CycleTime：=ClkRead（clock1）；　！读取时钟当前数值，并赋值给 CycleTime
TPErase；　　！清屏
TPWrite“The Last CycleTime is”\Num：=CycleTime；
```

！写屏，在示教器屏幕上显示节拍信息，假设当前数值 CycleTime 为 10，则示教器屏幕上最终显示信息为“The Last CycleTime is10”

7.1.3 动作触发指令

Triggl：在线性运动过程中，指定位置准确地触发事件，如置位输出信号、激活中断等。可以定义多种类型的触发事件，如 Triggl\O（触发信号）、TriggEquip（触发装置动作）、TriggInt（触发中断）等。

下面以触发装置动作（图 7-2）类型为例（在准确的位置，触发机器人夹具的动作通常采用此种类型的触发事件）说明，程序如下：

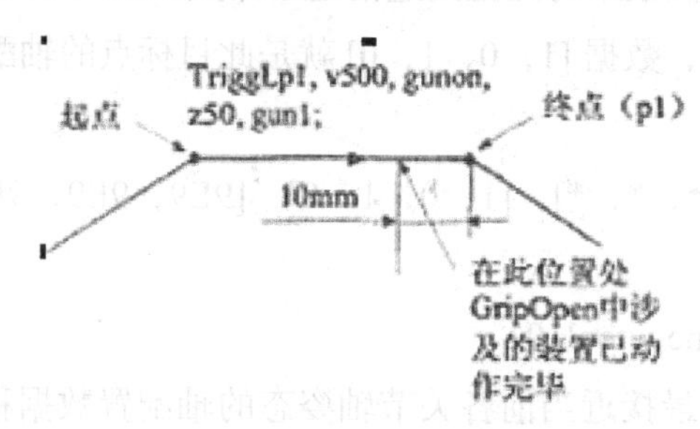

图 7-2　触发装置动作

VAR triggdata GripOpen；

！定义触发数据 GripOpen

TriggEquip GripOpen，10，0.1

\DOp：=doGripOn，1；

！定义触发事件 GripOpen，在距离指定目标点前 10mm 处，并提前 0.1s（用于抵消设备动作延迟时间）触发指定事件将数字输出信号 doGripOn 置位 1

TriggL P1，v500，GripOpen，z50，tGripper；

！执行 TriggL，调用触发事件 GripOpen，即机器人 TCP 在朝向 P1 运动过程中，在距离 P1 前 10mm 处，并且再提前 0.1 秒，则将 doGripOn 置位 1。

例如，为提高节拍时间，在控制吸盘夹具动作的过程中，吸取产品时需要提前打开真空，在放置产品时需要提前释放真空，为了能够准确地触发吸盘夹具的动作，通常采用 TriggL 指令来对其进行控制。

7.1.4 数组的应用

在定义程序数据时，可以将同种类型、同种用途的数值存放在同一个数据中，当调用该数据时需要写明所引号来指定引用的是该数据中的哪个值，这就是所谓的数组。在 RAPID 中，可以定义一维数组、二维数组以及三维数组。

例如，一维数组：

VAR num num1{3}：=[5，7，9]；

! 定义一维数组 num1

```
num2：=num1{2}；
！ Num2 被赋值为 7
```

例如，二维数组：

```
VAR num num1{3，4}：=[[1，2，3，4]，[5，6，7，8]，[9，10，11，12]]；
! 定义二维数组 num1
num2：=num1{3，2}；
！ Num2 被赋值为 10
```

在程序编写过程中，当需要调用大量的同种类型、同种用途的数据时，创建数据时可以利用数组来存放这些数据，这样便于在编程中对其进行灵活调用。甚至在大量 I/O 信号调用过程中，也可以先将 I/O 进行别名操作，即将 I/O 信号与信号数据关联起来，之后将这些信号数据定义为数组类型，在编程中便于对同种类型、同种用途的信号进行调用。

7.1.5 什么是中断程序

在程序执行过程中，如果发生需要紧急处理的情况，这时就要中断当前程序的执行，马上跳转到专门的程序中对紧急情况进行相应处理，处理结束后返回中断的地方继续往下执行程序。专门用来处理紧急情况的专门程序称作中断程序（TRAP），例如：

```
VAR intnum intno1；
！ 定义中断数据 intno1
IDelete intno1；
！ 取消当前中断符 intno1 的连接，预防错误触发
CONNECT intno1 WITH tTrap；
！ 将中断符与中断程序 tTrap 连接
ISignalDI di1，1，intno1；
！ 定义触发条件，即当数字输入信号 di1 为 1 时，触发该中断程序
TRAP tTrap
Reg1：=reg1+1；
ENDTRAP
```

不需要在程序中对该中断程序进行调用，定义触发条件的语句一般放在初始化程序中，当程序启动运行完该定义触发条件的指令一次后，则进入中断监控。当数字输入信号 dil 变为 1 时，则机器人立即执行 tTrap 中的程序，运行完成之后，指针返回触发该中断的程序位置继续往下执行。

7.1.6 复杂程序数值赋值

多数类型的程序数据均是组合型数据，即里面包含多项数值或字符串。可以对其中的

任何一项参数进行赋值。

例如常见的目标点数据：

PERS robtarget p10：=[[0，0，0]，[1，0，0，0]，[0，0，0，0]，[9E9，9E9，9E9，9E9，9E9，9E9]]；

PERS robtarget p20：=[[100，0，0]，[0，0，1，0]，[1，0，1，0]，[9E9，9E9，9E9，9E9，9E9，9E9]]；

目标点数据里面包含四组数据，从前往后依次为 TCP 位置数据 [100，0，0]（trans）、TCP 姿态数据 [0，0，1，0]（rot）、轴配置数据（extax），可以分别对该数据的各项数值进行操作，如：

P10.trans.x：=P20.trans.x+50；

P10.trans.y：=P20.trans.y-50；

P10.trans.z：=P20.trans.z+100；

P10.rot：=P20.rot；

P10.robconf：=P20.robconf；

赋值后则 P10 为

PERS robtarget

P10：=[[150，-50，100]，[0，0，1，0]，[1，0，1，0]，[9E9，9E9，9E9，9E9，9E9，9E9]]；

任务二　码垛工作站的建立与编程

任务目标

1 学会码垛常用 I/O 配置。

2 学会多工位码垛程序编写。

任务描述

本工作站中已经设定虚拟码垛相关的动作效果，包括产品流动、夹具动作以及产品拾放等，只需在此工作站中以此完成 I/O 配置、程序数据创建、目标点示范、程序编写及调试，即可完成整个码垛工作站的码垛任务。通过这次学习，大家可以熟悉工业机器人的码垛应用，学会工业机器人多工位码垛程序的编写技巧。

任务实施

利用 Robot studio 进行相应的仿真，并进行相关程序的编写。

7.2.1 工作站解包

找到已下载的工作站压缩包文件 SituationalTeaching_Pallet.rspag，如图 7-3 所示，将进行解压操作。

图 7-3　工作站解包

7.2.2 创建备份并执行 I 启动

现有工作站中已包含创建好的参数以及 RAPID 程序，从零件开始练习建立工作站的配置工作，需要先将此系统做备份，之后执行 I 启动，将机器人系统恢复到出厂初始状态，如图 7-4 所示。

创建备份：

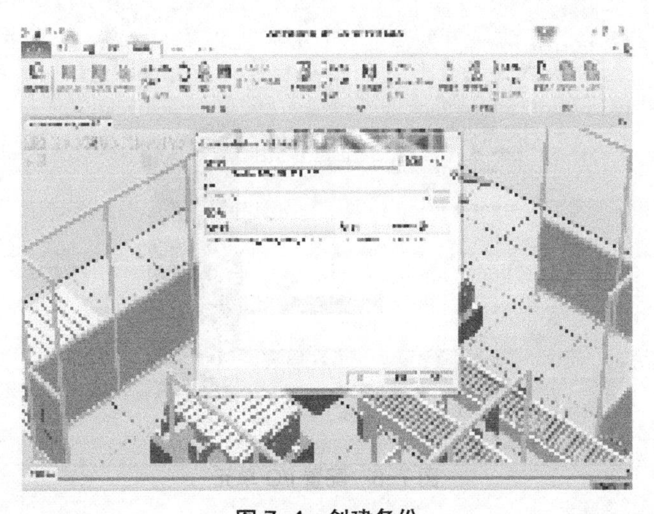

图 7-4　创建备份

执行 I 启动（见图 7-5）：

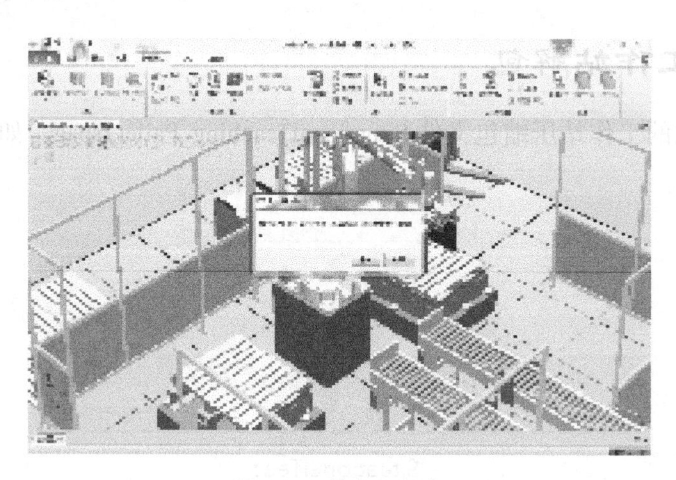

图 7-5　执行 I 启动

7.2.3 配置 I/O 单元

在虚拟示教器中，根据以下的参数配置 I/O 单元，如图表 7-1 所示。

表 7-1　参数配置 I/O 单元

Name	Type of unit	ConnectedTo bus	DevicedNet address
Board10	D652	DeviceNet1	10

具体步骤如下。（见图 7-6 ~ 7-15）

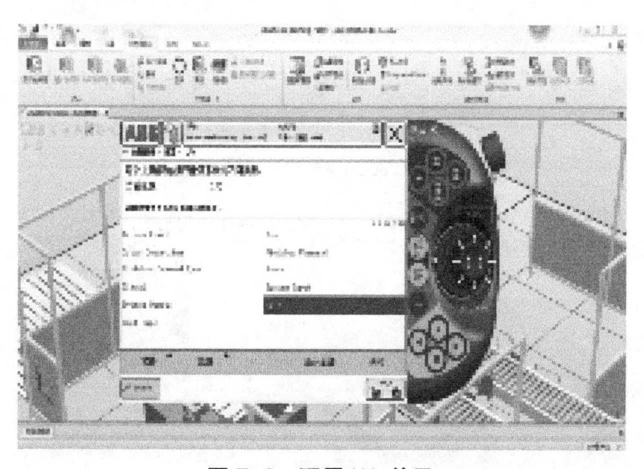

图 7-6　配置 I/O 单元

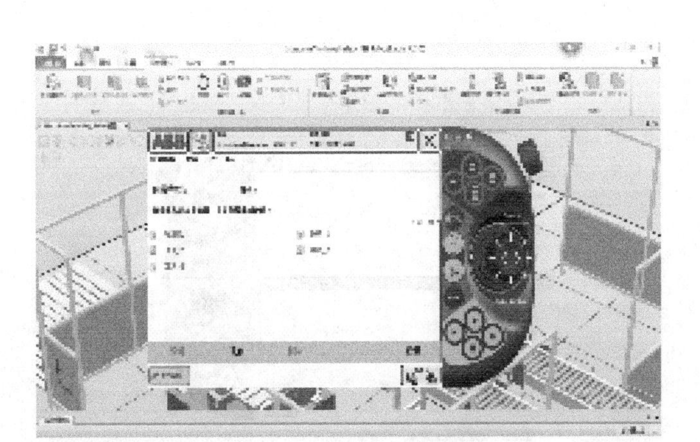

图 7-7　配置 I/O 单元

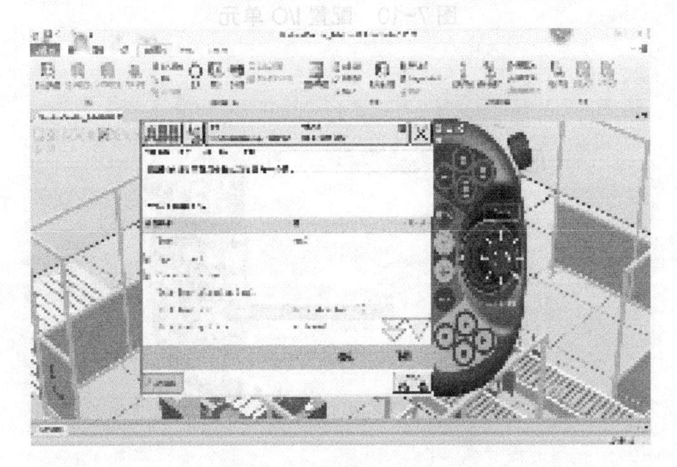

图 7-8　配置 I/O 单元

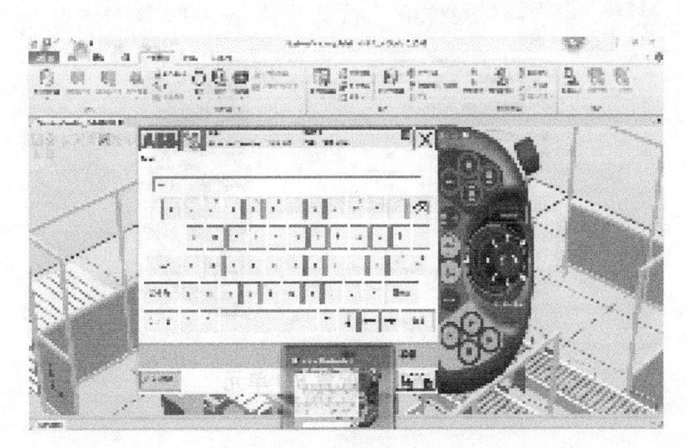

图 7-9　配置 I/O 单元

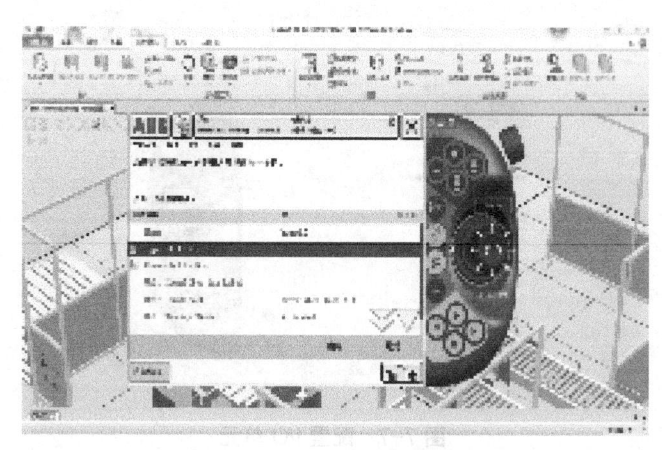

图 7-10　配置 I/O 单元

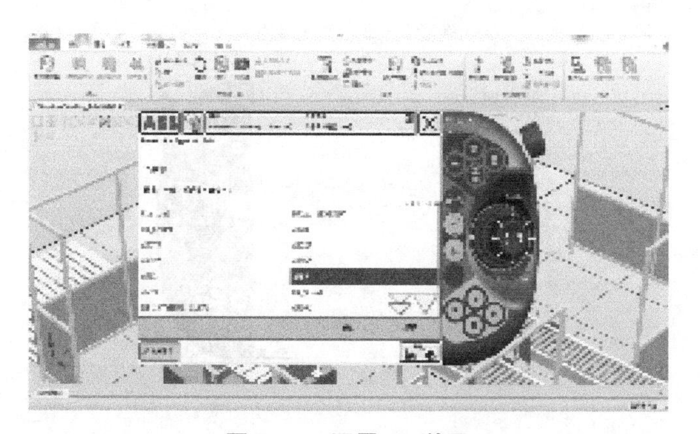

图 7-11　配置 I/O 单元

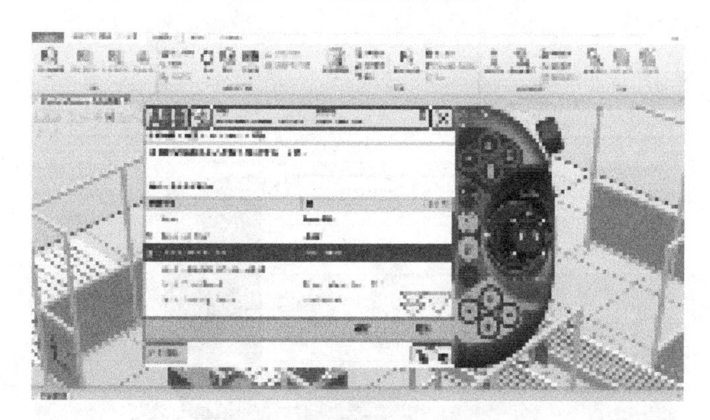

图 7-12　配置 I/O 单元

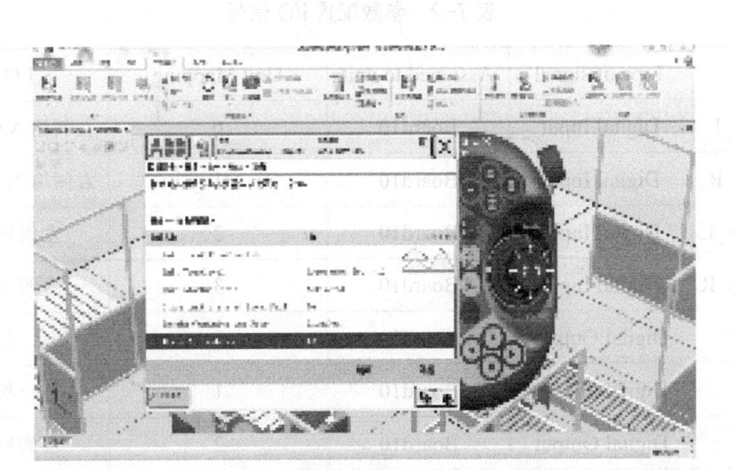

图 7-13　配置 I/O 单元

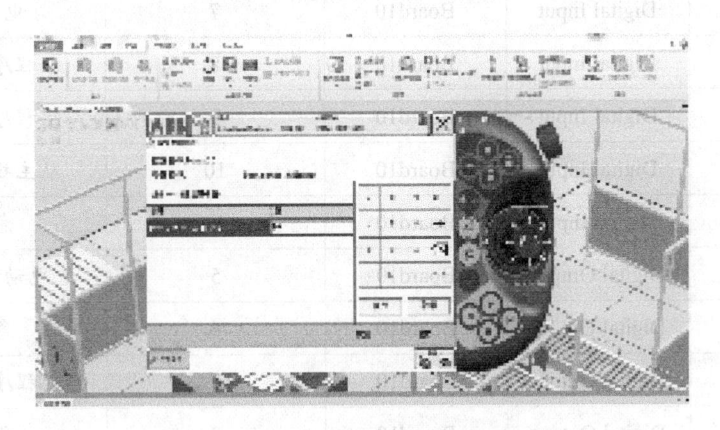

图 7-14　配置 I/O 单元

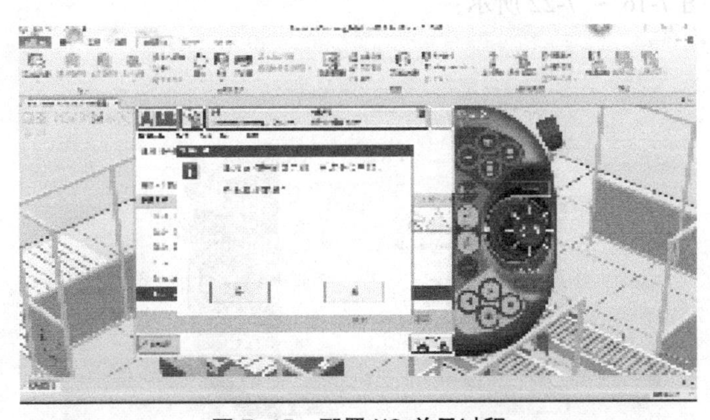

图 7-15　配置 I/O 单元过程

7.2.4 配置 I/O 信号

在虚拟示教器中，根据以下的参数配置 I/O 信号。如图表 7-2 所示。

表 7-2　参数配置 I/O 信号

Name	Typc of signal	Assigned to unit	Unit Mapping	I/O 信号注释
di00_BoxInPos_L	Digital Input	Board10	0	左侧输入线产品到位信号
di01_BoxInPos_R	Digital Input	Board10	1	右侧输入线产品到位信号
di02_PalletInPos_L	Digital Input	Board10	2	左侧码盘到位信号
di03_PalletInPos_R	Digital Input	Board10	3	右侧码盘到位信号
do00	Digital Output	Board10	0	控制夹板
do01	Digital Output	Board10	1	控制钩爪
do02	Digital Output	Board10	2	左侧码盘满载信号
do03	Digital Output	Board10	3	右侧码盘满载信号
di07	Digital Input	Board10	7	电动机上电
di08	Digital Input	Board10	8	程序开始执行
di09	Digital Input	Board10	9	程序停止执行
di10	Digital Input	Board10	10	从主程序开始执行
di11	Digital Input	Board10	11	急停复位
do05_AutoOn	Digital Output	Board10	5	电动机上电状态
do06_Estop	Digital Output	Board10	6	急停状态
do07_CycleOn	Digital Output	Board10	7	程序正在运行
do08_Error	Digital Output	Board10	8	程序报错

具体步骤如图 7-16 ~ 7-22 所示：

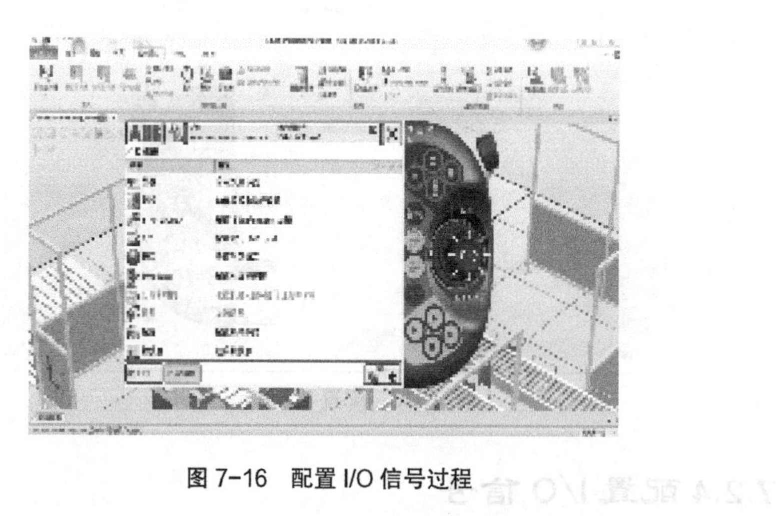

图 7-16　配置 I/O 信号过程

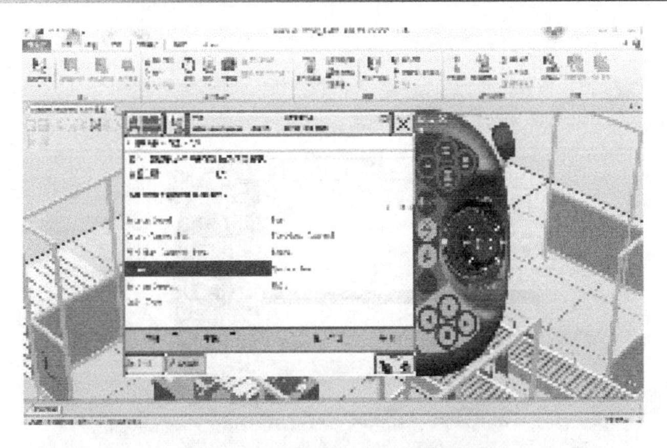

图 7-17　配置 I/O 信号过程

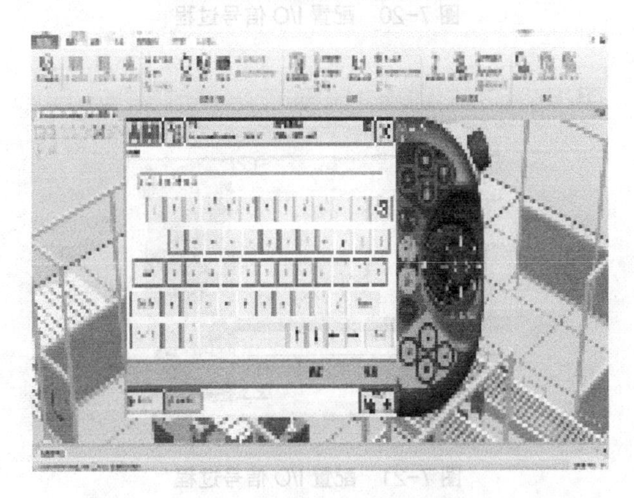

图 7-18　配置 I/O 信号过程

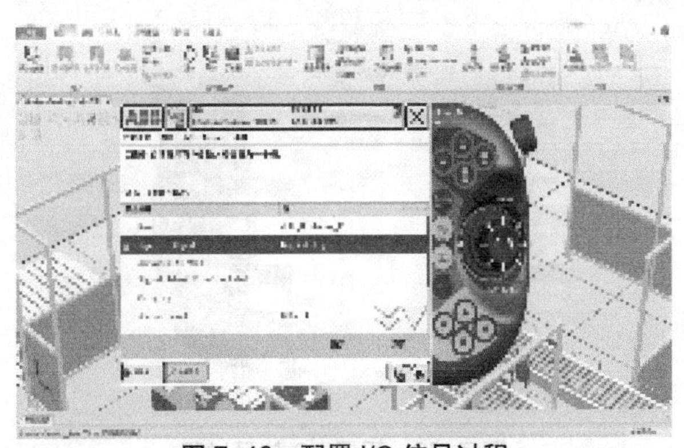

图 7-19　配置 I/O 信号过程

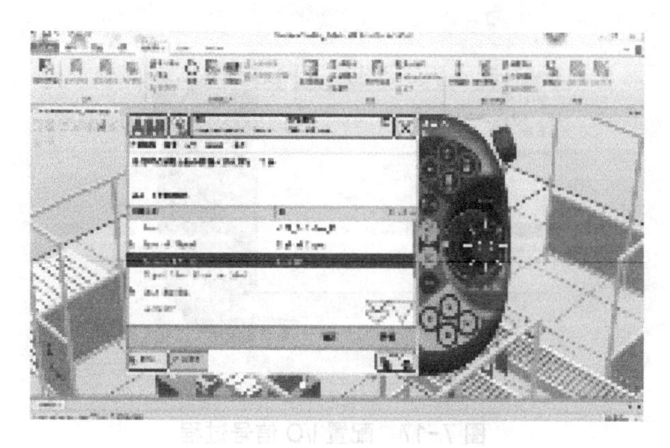

图 7-20　配置 I/O 信号过程

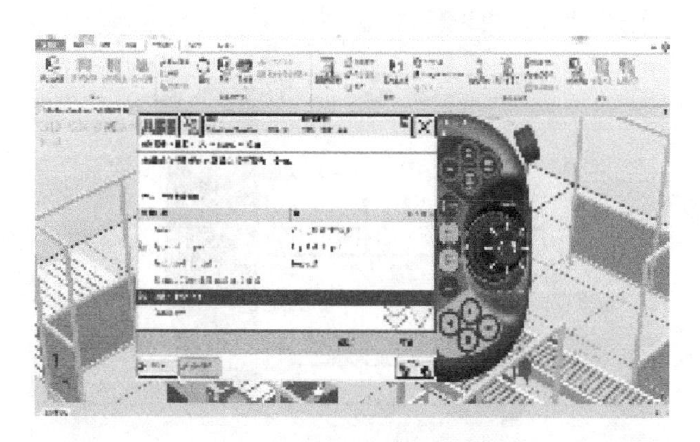

图 7-21　配置 I/O 信号过程

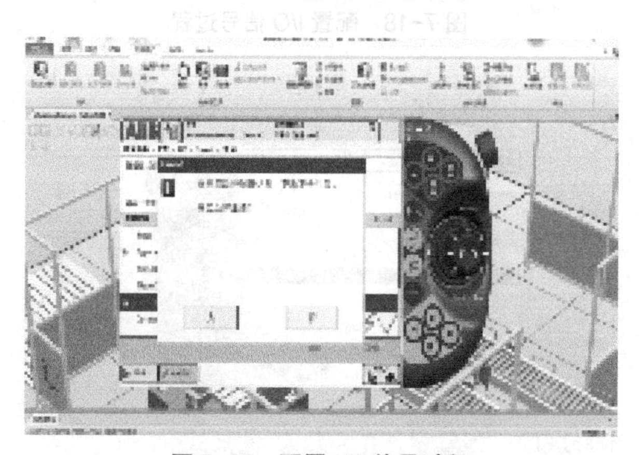

图 7-22　配置 I/O 信号过程

7.2.5 配置系统输入 / 输出

在虚拟示教器中，根据以下参数配置系统输入 / 输出信号，如表 7-3 所示。

表 7-3　参数配置系统输入 / 输出信号

Type	Signal name	Action/status	Argument	注释
System Input	di07_MotorOn	Motors On	无	电动机上电
System Input	di08_Start	Start	Continuous	程序开始执行
System Input	di09_Stop	Stop	无	程序停止执行
System Input	di10_StartAtMain	Start at Main	Continuous	从主程序开始执行
System Input	di11_EstopReset	Reset Emergency stop	无	急停复位
System Output	do05_AutoOn	Auto On	无	电动机上电状态
System Output	do06_Estop	Emergency stop	无	急停状态
System Output	do07_CycleOn	Cycle On	无	程序正在运行
System Output	do08_Erro	Execution error	T_RB1	程序报错

7.2.6 创建工作数据

在虚拟示教器中，根据以下参数设定工具数据 tGripper，如图表 7-4 所示。

表 7-4　参数设定工具数据

参数名称	参数数值
robothold	TRUE
trans	
X	0
Y	0
Z	527
rot	
q1	1
q2	0
q3	0
q4	0
mass	20
cog	
X	0
Y	0
Z	150
其余参数均为默认值	

具体步骤如图 7-23、图 7-24 所示：

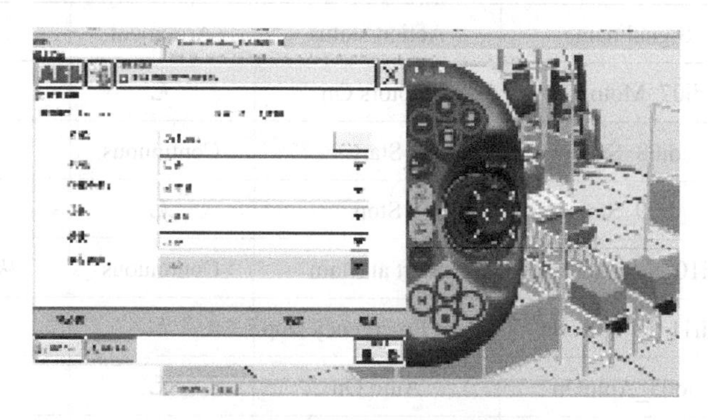

图 7-23　创建工作数据过程

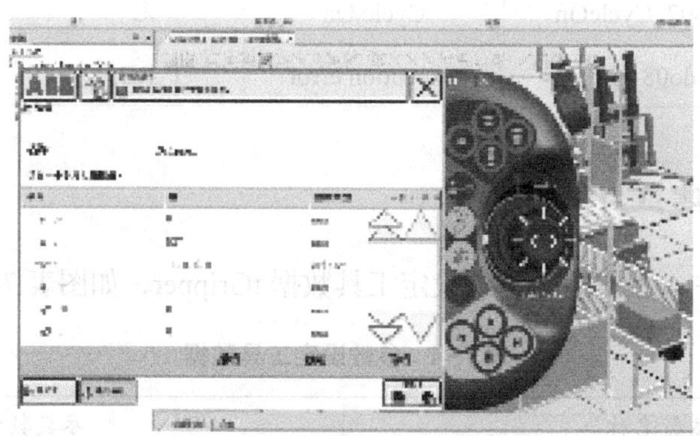

图 7-24　创建工作数据过程

示例如图 7-25 所示。

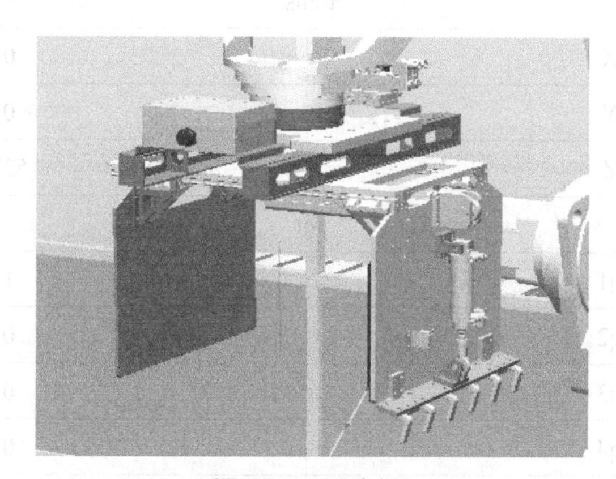

图 7-25　示例图

7.2.7 创建工件坐标系数据

本工作站中，工件坐标系均采用用户 3 点法创建。

具体步骤如图 7-26、图 7-27 所示：

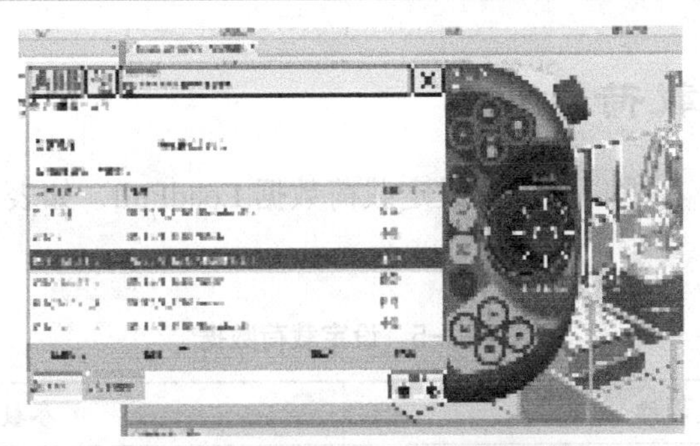

图 7-26　创建工件坐标系数据过程

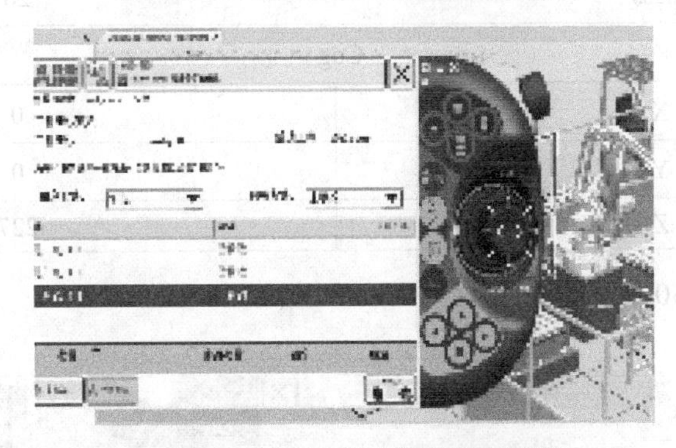

图 7-27　创建工件坐标系数据过程

在虚拟示教器中，根据图 7-28、7-29 所示的位置设定工件坐标系。

左边托盘工件坐标系 wobjpallet_L 如图 7-28 所示。

图 7-28　左边托盘工件坐标系

右边托盘工件坐标系 wobjpallet_R 如图 7-29 所示。

图 7-29　右边托盘工件坐标系

7.2.8 创建载荷数据

在虚拟示教器中，根据以下参数设定载荷数据 LoadFull，如表 7-5 所示。其余参数均为默认值。

表 7-5 设定载荷数据

参数名称	参数数值
mass	20
Cog	
X	0
Y	0
Z	227

具体步骤如图 7-30 所示：

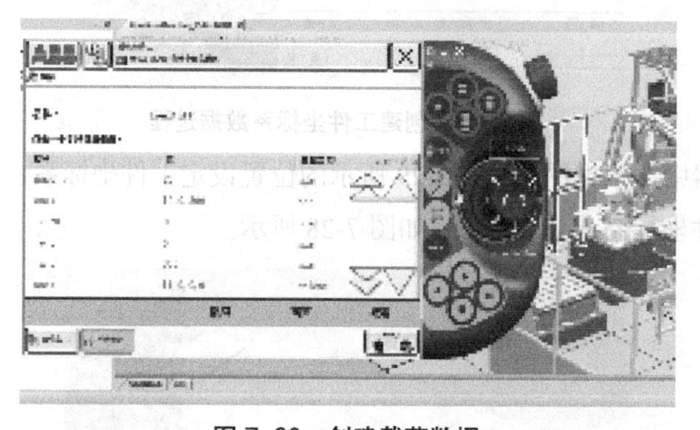

图 7-30 创建载荷数据

完毕。

示例如图 7-31 所示。

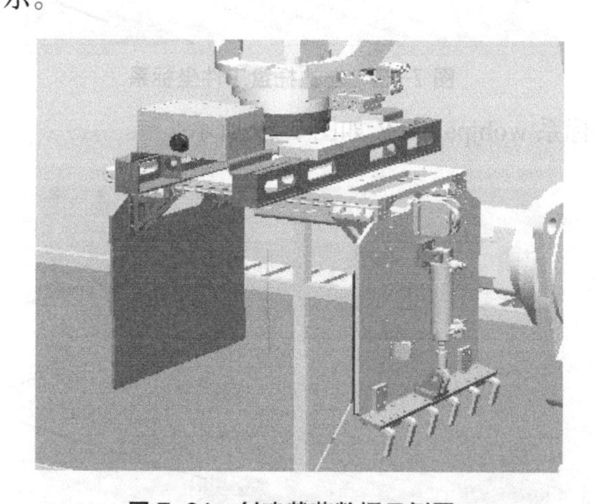

图 7-31 创建载荷数据示例图

7.2.9 导入程序模板

之前创建的备份文件中包含本工作站的 RAPID 程序模板，可以将直接导入该机器人系统中，之后在其基础上做相应的修改，并重新示教目标点，学习程序编写过程。

注意：导入程序模板时，若提示工具数据，工件坐标数据和有效载荷数据命名不明确，则在手动操纵画面将之前设定的数据删除，再进行导入程序模板的操作。

具体步骤如图 7-32 所示：

图 7-32　导入程序模板过程

浏览至前面所创建的备份文件夹。（见图 7-32、7-33）

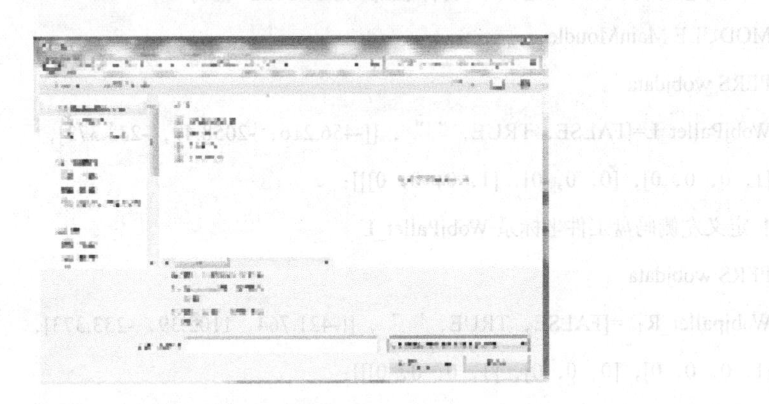

图 7-32　导入程序模板过程

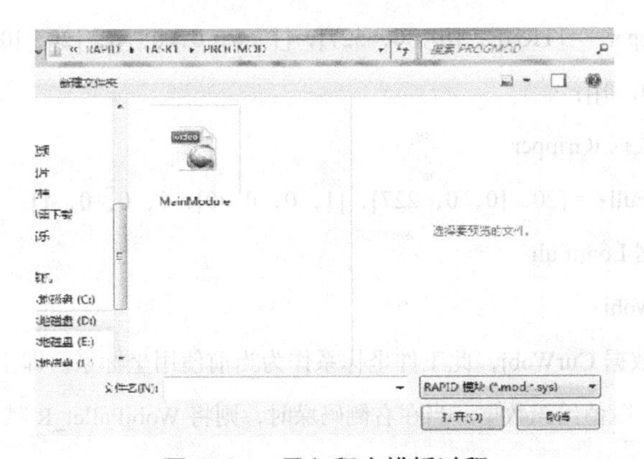

图 7-34　导入程序模板过程

之后跳出“同步到工作站”选项框。（见图 7-35）

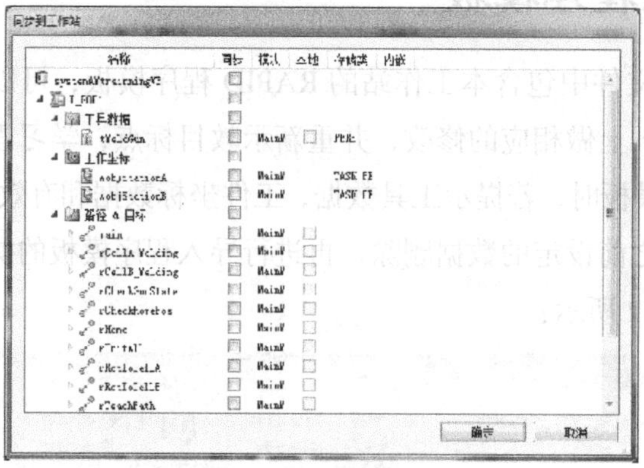

图 7-35　导入程序模板过程

7.2.10 程序注解

本工作站要实现的动作是，采用 IRB460 机器人完成双工位码垛任务，即两条产品输入线，两个产品输出位。在熟悉了此 RAPID 程序后，可以根据实际需要在此程序的基础上做适用的修改，以满足实际逻辑与动作的控制。

以下是实现机器人逻辑和动作控制的 RAPID 程序。

MODULE MainMoudle

PERS wobjdata

WobjPallet_L=[FALSE，TRUE，” ”，[[-456.216，-2058.49，-233.373]，

[1，0，0，0]，[0，0，0]，[1，0，0，0]]]：

！定义左侧码盘工件坐标系 WobjPallet_L

PERS wobjdata

Wobjpallet_R：=[FALSE，TRUE，” ”，[[-421.764，1102.39，-233.373]，

[1，0，0，0]，[0，0，0]，[1，0，0，0]]]：

！定义右侧码盘工件坐标系 WobjPallet_R

PERS tooldatat　Gripper：=[TRUE，[[0，0，527]，[1，0，0，0，]]，[20，[0，0，150]，

[1，0，0，0]，0，0，0]]：

！定义工具坐标系数据 tGripper

PERS loaddata LoadFull：=[20，[0，0，227]，[1，0，0，0]，0，0，0，1]：

！定义有效载荷数据 LoadFull

PERS wobjdata CurWobj：

！定义工件坐标系数据 CurWobj，此工件坐标系作为当前使用坐标系。即当在左侧码垛时，将左侧码盘坐标系 WobjPallet_L 赋值给该数据；当在右侧码垛时，则将 WobjPallet_R 赋值给该数据。

PESR jointtarget jposHome：=[[0，0，0，0，0，0]，[9E+09，9E+09，9E+09，9E+09，9E+09，

9E+09]]；

！定义关节目标点数据，各关节轴数值为 0，用手动将机器人运动至各关节轴机械零位。

CONST robtarget pPlaceBase0_L：=[[*，*，*]，[*，*，*，*]，[-2，0，-3，0]，

[9E9，9E9，9E9，9E9，9E9，9E9]]；

CONST robtarget pPlaceBase90_L：=[[*，*，*]，[*，*，*，*]，[-2，0，-2，0]，

[9E9，9E9，9E9，9E9，9E9，9E9]]；

CONST robtarget pPlaceBase0_R：=[[*，*，*]，[*，*，*，*]，[1，0，0，0]，

[9E9，9E9，9E9，9E9，9E9，9E9]]；

CONST robtarget pPlaceBase90_R：=[[*，*，*]，[*，*，*，*]，[1，0，1，0]，

[9E9，9E9，9E9，9E9，9E9，9E9]]；

CONSTrobtargetpPick_L：=[[*，*，*]，[*，*，*，*]，[-1，0，-2，0]，

[9E9，9E9，9E9，9E9，9E9，9E9]]；

CONSTrobtargetpPick_R：=[[*，*，*]，[*，*，*，*]，[0，0，-1，0]，

[9E9，9E9，9E9，9E9，9E9，9E9]]；

CONSTrobtargetpHome：=[[*，*，*]，[*，*，*，*]，[0，0，-2，0]，

[9E9，9E9，9E9，9E9，9E9，9E9]]；

位置点说明如图表 7-6 所示：

表 7-6　位置点说明

位置点	说明
pPlaceBase0_L	左侧不旋转放置基准位置
pPlaceBase90_L	左侧旋转 90° 放置基准位置
pPlaceBase0_R	右侧不旋转放置基准位置
pPlaceBase90_R	右侧旋转 90° 放置基准位置
pPick_L	左侧抓取位置
pPick_R	右侧抓取位置
pHome	程序起始点，即 Home 点

PERS robtarget pPlaceBase0；

PERS robtarget pPlaceBase90；

PERS robtarget pPick；

PERS robtarget pPlace；

！定义目标点数据，这些数据是机器人当前使用的目标点。当在左侧，右侧码垛时，将对应的左侧，右侧基准目标点赋值给这些数据。

PERS robtarget pPickSafe；

！机器人将产品抓取后需要提升至一定的安全高度，才能向码垛位置移动，随着摆放位置逐层升高，此数据在程序中会被赋予不同的数值，以防止机器人与码放好的产品发生碰撞。

PERS num nCycleTime：=4.165；

！定义数字型数据，用于存储单次节拍时间。

PERS num nCount_L：=1；

PERS num nCount_R：=1；

！定义数字型数据，分别用于左侧，右侧码垛计数，在计算位置子程序中根据该计数计算出相应的放置位置。

PERS num nPallet：=1；

！定义数字型数据，利用 TEST 指令判断此数值，从而决定执行那侧的码垛任务，1 为左侧，2 为右侧。

PERS num nPalletNo：=1；

！定义数字型数据，利用 TEST 指令判断此数值，从而决定执行那侧的码垛任务，1 为左侧，2 为右侧。

PERS num nPickH：=300；

PERS num nPlaceH：=400；

！定义数字型数据，分别对应的是抓取，放置一个安全高度，例如 nPickH：=300，则表示机器人快速移动至抓取位置上方 300mm 处，最后再快速移动至其他位置。

PERS num nBoxL：=605；

PERS num nBoxW：=405；

PERS num nBoxH：=300；

！定义三个数字型数据，分别对应的是产品的长、宽、高。在计算位置程序中，通过在放置基准点上面叠加长、宽、高数值计算出放置位置。

VAR clock Timer1；

！定义时钟数据，用于计时。

PERS bool bReady：=FALSE；

！定义布尔量数据，我作为主程序逻辑判断条件，当左右两侧有任何一侧满足码垛条件时，此布尔量均为 TRUE，即机器人会执行码垛任务，否则该布尔量为 FALSE，机器人会等待直至条件满足。

PERS bool bPallet_L：=FALSE；

PERS bool bPallet_R：=FALSE；

！定义两个布尔量数据，当机器人在左侧码垛时，则 bPallet_L 为 TRUE，bPallet_R 为 FALSE；当机器人在右侧码垛时，则相反。

PERS bool bPalletFull_L：=FALSE；

PERS bool bPalletFull_R：=FALSE；

！定义两个布尔量数据，分别对应的是左侧，右侧码盘是否已满载。

PERS bool bGetPosition：=FALSE；

！定义两个布尔量数据，判断是否已计算出当前取放位置。

VAR triggdata HookAct；

VAR triggdata HookOff；！定义两个触发数据，分别对应的是夹具上面钩爪收紧及松开动作。

VAR intnum iPallet_L：

VAR intnum iPallet_R：

！定义两个中断符，对应左侧，右侧码盘更换时所需触发的相应复位操作，如满载信号复位等。

PERS speeddata vMinEmpty：=[2000，400，6000，1000]：

PERS speeddata vMinEmpty：=[3000，400，6000，1000]：

PERS speeddata vMaxEmpty：=[5000，500，6000，1000]：

PERS speeddata vMinLoad：=[1000，200，6000，1000]：

PERS speeddata vMidLoad：=[2500，500，6000，1000]：

PERS speeddata vMaxLoad：=[4000，500，6000，1000]：

！定义多组速度数据，分别对应空载时高、中、低速，以及满载时的高、中、低速，便于对机器人的各个动作进行速度控制。

PERS num Compensation{15，3}：=[[0，0，0]，[0，0，0]，[0，0，0]，[0，0，0]，[0，0，0]，[0，0，0]，[0，0，0]，[0，0，0]，[0，0，0]，[0，0，0]，[0，0，0]，[0，0，0]，[0，0，0]，[0，0，0]，

[0，0，0]]：

！定义二维数组，用于各摆放位置的偏差调整；15 组数据，对应 15 个摆放位置，每组数据 3 个数值，对应 X，Y，Z 的偏差值。

PROC main（）

！主程序。

rInitAll：

！调用初始化程序，包括复位信号、复位程序数据、初始化中断等。

WHILE TRUE DO

！利用 WHILE 循环，将初始化程序隔离开，即只在第一次运行时需要执行一次初始化程序，之后循环执行拾取放置动作。

IF bRrady THEN

！利用 IF 条件判断，当左右两侧至少有一侧满足码垛条件时，判断条件 bRrady 为 TRUE，机器人则执行码垛任务。

rPick：

！调用抓取程序。

rPlace：

！调用放置程序。

ENDIF

rCycleCheck：

！调用循环检测程序，里面包含写屏显示循环时间、码垛个数、判断当前左右两侧状况等。

Wait Time 0.05：

！循环等待时间，防止在不满足机器人动作条件的情况下程序执行进入无限循环状态，造成机器人

控制器 CPU 过负载。

```
ENDWHILE
ENDPROC
PROC rInitAll（）
```

！初始化程序。

rCheckHomePos；

！调用检测 Home 点程序，若机器人在 Home 点，则直接执行后面的指令，否则机器人先安全返回 Home 点，然后再执行后面的指令。

ConfL\OFF；

ConfJ\OFF；

！关闭轴配置监控。

nCount_L：=1；

nCount_R：=1；

！初始化左右两侧码垛计数数据。

nPallet：=1

！初始化两侧码垛任务标识，1 为左侧，2 为右侧。

nPalletNo：=1

！初始化两侧码垛计数累计标识，1 为左侧，2 为右侧。

BPalletFull_L：=FALSS；

BPalletFull_R：=FALSS；

！初始化左右两侧码垛满载布尔量。

bGetPosition：=FALSS；

！初始化计算位置标识，FALSE 为未完成计算，TRUE 为已完成计算。

Reset do00_ClampAct；

Reset do01_HookAct；

！初始化夹具，夹板张开和钩爪松开。

ClkStop Timer1；

！停止时钟计时。

ClkReset Timer1；

！复位时钟。

TriggEquip HookAck，100，0.1\DOp：=do01_HookAck，1；

！定义触发事件：钩爪收紧。按照指定目标点运动时提前 100mm 收紧钩爪，即将产品钩住，提前动作时间为 0.1s。

TriggEquip HookOff，100\Start，0.1\DOp：=do01_HookAck，0；

！定义触发事件：钩爪松开。距离之后加上可以选参变量\Start，则表示在离开起点 100mm 处松开钩爪，提前动作时间为 0.1s。

IDelete iPallet_L：

CONNECT iPallet_LWITH tEjectPallet_L：

ISignalDI di02_PalletInPos_L，0，iPallet_L：

！中断初始化，当左侧满载码盘到位信号变为0时，即表示满载码盘被取走，则触发中断程序 iPallet_L，复位左侧满载信号、满载布尔量等。

IDelete iPallet_R：

CONNECT iPallet_RWITH tEjectPallet_R：

ISignalDI di03_PalletInPos_R，0，ipallet_R

！中断初始化，当右侧满载码盘单位信号变为0时，即表示满载码盘被取走，则触发中断程序 ipallet_R，复位右侧满载信号、满载布尔量等

ENDPROC

PROC rPick（）

！抓取程序

ClkReset Timer1；

！复位时钟

ClkStart Timer1；

！开始计时

rCalPosition；

! 计算位置，包括抓取位置、抓取安全位置、放置位置等

MoveJ Offs（pPick，0，0，nPickH），vMaxEmpty，z50，tGripper\WObj：=wobj0；

！利用 MoveJ 移动至抓取位置正上方

MoveLpPick，vMinLoad，fine，tGipper\WObj：=wobj0；

！利用 MoveL 移动至抓取位置

Set do00_ClampAct；

！置位夹板信号，将夹板收紧，夹取产品

Waittime 0.3；

！预留夹具动作时间，以保证夹具已将产品夹紧，等待时间根据实际情况来调整大小；若有夹紧反应信号，则可以利用 WaitDI 指令等待反应信号变为 1，从而替代固定的等待时间

GripLoad LoadFull；

！加载载荷数据

TriggL Offs（pPick，0，0，nPickH），vMinLoad，HookAct，z50，tGripper\WObj：=wobj0；

！利用 TriggL 移动至抓取正上方，并调用触发事件 HookAct，即在距离到达点 100mm 处将钩爪收紧，防止产品在快速移动中掉落

MoveL pPickSafe，vMaxLoad，z100，tGripper\WObj：=wobj0；

！利用 MoveL 移动至抓取安全位置

ENDPROC

PROC rPlace（）

！放置程序

MoveJ Offs（pPlace，0，0，nPickH），vMaxLoad，z50，tGripper\WObj：=Curwobj；

！利用 MoveJ 移动至放置位置正上方

TriggL pPlace，vMinLoad，HookOff，fine，tGripper\WObj：=Curwobj；

！利用 TriggL 移动至放置位置，并调用触发事件 HookOff，即在离开放置位置正上方点位 100mm 后将钩爪放开

Reset do00_ClampAct；

！复位夹板信号，夹板松开，放下产品

Waittime 0.3

！预留夹具动作时间，以确保夹具已将产品完全放下，等待时间根据实际情况调整其大小

GripLoad Load0；

！加载载荷数据 Load0

MoveL Offs（pPlace，0，0，nPickH），vMinEmpty，z50，tGripper\WObj：=Curwobj；

！利用 MoveL 移动至放置位置正上方

rPlaceRD

！调用放置计数程序，其中会执行计数加 1 操作，并判断当前码盘是否已满载

MoveJ pPickSafe，vMaxEmpty，z50，tGripper\WObj：=wobj0；

！利用 MoveJ 移动抓取至安全位置，以等待执行下一次循环

ClkStop Timer1；

！停止计时

nCycleTime：=ClkRead（Timer1）；

！读取时钟数值，并赋值给 nCycleTime

ENDPROC

PROC rCycleCheck（）

！周期循环检查

TPErase；

TPWrite“The Robot is running”；

！示教器清屏，并显示当前机器人运行状态

TPWrite“Last cycletime is：”\Num：=nCycleTime；

！显示上次循环运行时间

TPWrite“The number of the Boxes in the Left pallet is：”\Num：=nCount_L-1；

TPWrite“The number of the Boxes in the Right pallet is：”\Num：=nCount_R-1；

！显示当前左右码盘上面已摆放产品个数。由于 nCount_L 和 nCount_R 表示的是下轮循环将要摆放的多少个产品，此处显示的是码盘上已摆放的产品数量，所以在当前计数数值上面减去 1

IF（bPalletFull_L=FALSE AND di02_PalletInPos_L=1 AND　di00_BoxInPos_L=1）OR（bPalletFull_R=FALSE AND di03_PalletInPos_R=1 AND di01_BoxInPos_R=1）THEN

bReady：=TRUE；

ELSE

bReady：=FALSE；

！判断当前工作站状况，只要左右两侧有任何一侧满足码垛条件，则布尔量 bReady 为 TRUE，机器人继续执行码垛任务；否则布尔量 bReady 为 FALSE，机器人则等待码垛条件的满意

ENDIF

ENDPROC

PROC rCalPosition（）

！计算位置程序

rGetPosition：=FALSE

！复位完成计算位置标识

WHILE bGetPosition=FALSE DO

！若未完成计算位置，则重复执行 WHILE 循环

TEST nPallet

！利用 TEST 判断执行码垛检测标识的数值，1 为左侧，2 为右侧 CASE 1：

！若为 1，则执行左侧检测

IF bPalletFull_L=FALSE AND di02_PalletInPos_L=1 AND　di00_BoxInPos_L=1 THEN

！判断左侧是否满足码垛条件，若条件满足则将左侧的基准位置数值赋值给当前执行位置数据

pPick：=pPick_L；

！将左侧抓取目标点数据赋值给当前抓取目标点

pPlaceBase0：=pPlaceBase0_L：

pPlaceBase90：=pPlaceBase90_L：

！将左侧放置位置基准目标点数据赋值给当前放置位置基准点

CurWobj：=WobjPallet_L；

！将左侧码盘工件坐标系数据赋值给当前工件坐标系

pPlace：=pPattern（nCount_L）；

！调用计算放置位置功能程序，同时写入左侧计数参数，从而计算出当前需要摆放的位置数据，并赋值给当前放置目标点

bGetPosition：=TRUE；

！已完成计算位置，则将完成计算位置标识置为 TRUE

nPalletNo：=1；

```
！将码垛计数标识为 1，则后续会执行左侧码垛计算累计
SLSE
bGetPosition：=FALSE;
！若左侧不满足码垛任务，则完成计算位置标识为 FALSE，则程序会再次执行 WHILE 循环
ENDIF
nPallet：=2;
！将码垛检测标识置为 2，则下次执行 WHILE 循环时检测右侧是否满足码垛条件
CASE 2：
！若为 2，则执行右侧检测
IF bPalletFull_R=FALSE AND di03_PalletInPos_R=1 AND di01_BoxInPos_R=1 THEN
！判断右侧是否满足码垛条件，若条件满足，则将右侧的基准位置数值赋值给当前执行位置数据
pPick：=pPick_R;
！将右侧抓取目标点数据赋值给当前抓取目标点
pPlaceBase0：=pPlaceBase0_R：
pPlaceBase90：=pPlaceBase90_R：
！将左侧放置位置基准目标点数据赋值给当前放置位置基准点
CurWobj：=WobjPallet_R;
！将右侧码盘工件坐标系数据赋值给当前工件坐标系
pPlace：=pPattern（nCount_R）；
！调用计算放置位置功能程序，同时写入右侧计数参数，从而计算出当前需要摆放的位置数据，并赋值给当前放置目标点
bGetPosition：=TRUE;
！已完成计算位置，则将完成计算位置标识置为 TRUE
nPalletNo：=2;
！将码垛计数标识为 2，则后续会执行左侧码垛计算累计
SLSE
bGetPosition：=FALSE;
！若右侧不满足码垛任务，则完成计算位置标识为 FALSE，则程序会再次执行 WHILE 循环
ENDIF
nPallet：=1;
！将码垛检测标识为 1，则下次执行 WHILE 循环时检测右侧是否满足码垛条件
DEFAULT：
TPERASE;
TPWRITE "The data 'nPallet' is error，please check it！"；
Stop;
```

！数据 nPallet 数值出错处理，提示操作员检查并停止运行

ENDTEST

ENDWHILE

！此种程序结构便于程序的扩展，假设在此两进两出的基础上改为四进四出，则可并列写入 CASE3 和 CASE4。在 CASE 中切换 nPallet 的数值，是为了将各线体作为并列处理，则执行完左侧后，下次优先检测右侧，之后再优先检测左侧

ENDPROC

FUNC robtarget pTattern（num nCount）

！计算摆放位置功能程序，调用时需要写入计数参数，以区别计算左侧或右侧的摆放位置

VAR robtarget pTarget;

！定义一个目标点数据，用于返回摆放目标点数据

IF nCount>=1 AND nCount<=5 THEN

pPickSafe：=Offs（pPick，0，0，400）；

ELSEIF nCount>=6 AND nCount<=10 THEN

pPickSafe：=Offs（pPick，0，0，600）；

ELSEIF nCount>=11 AND nCount<=15 THEN

pPickSafe：=Offs（pPick，0，0，800）；

ENDIF

！利用 IF/ 判断当前码垛是第几层（本案例中每层堆放 5 个产品），根据判断结果来设置抓取安全位置，以保证机器人不会与已码垛产品发生碰撞，抓取安全高度设置由现场实际情况来调整。此案例中的安全位置是以抓取点为基准偏移出来的，在实际中也可单独去示范一个抓取后的安全目标点，同样也是根据码垛层数的增加而改变该安全目标点的位置

TEST nCoun/t

/！判定计数 nCount 的数值，根据此数据的不同数值计算出不同摆放位置的目标点数据

CASE1：

pTarget.trans.x：=pPlaceBase0.trans.x：

pTarget.trans.y：=pPlaceBase0.trans.y：

pTarget.trans.z：=pPlaceBase0.trans.z：

pTarget.rot：=pPlaceBase0.rot：

pTarget.robconf：=pPlaceBase0.robconf：

pTarget：=Offs（pTarget，compensation，{nCount，1}，Compensation{nCount，2}，Compensation{nCount，3}）：

！若为 1，则放置在第一个摆放位置，以摆放基准目标点为基准，分别在 X、Y、Z 方向做相应偏移，同时指定 TCP 姿态数据、轴配置参数等。为方便对各个摆放位置进行微调，利用 Offs 功能在已计算好的摆放位置基础上沿着 X、Y、Z 再进行微调，其中调用的是已创建的数组 Compensation，如摆放第一个位

置时 nCount 为 1，则

pTarget：=Offs（pTarget，compensation，{1，1}，Compensation{1，2}， Compensation{1，3}）：

如果发现第一个摆放位置向 X 负方向偏了 5mm，则只需在程序数据组 Compensation 中将第一组数中的第一个数设为 5，即可对其 X 方向摆放位置进行微调。

摆放位置的算法如图 7-36 所示，如位置 1 与创建好的放置基准点 pPlaceBase0 重合，则直接将 pPlaceBase0 各项数据赋值给当前放置目标点；相对的目标点 X 数据上面加上一个产品长度即可；位置 3 则和 pPlaceBase90 重合，以此类推，则可以计算出剩余的全部摆放位置。在码垛应用过程中，通常是奇数层垛型一致，偶数层垛型一致，这样只要计算出第一层和第二层之后，第三层算位置时可直接复制第一层各项 CASE，然后在其基础上在 Z 轴正方向上面叠加相应的产品高度即可完成。第四层算位置时可直接复制第二层各项 CASE，然后在其基础上在 Z 轴正方向上面叠加相应的产品高度即可完成。以此类推，即可完成整个垛型的计算。

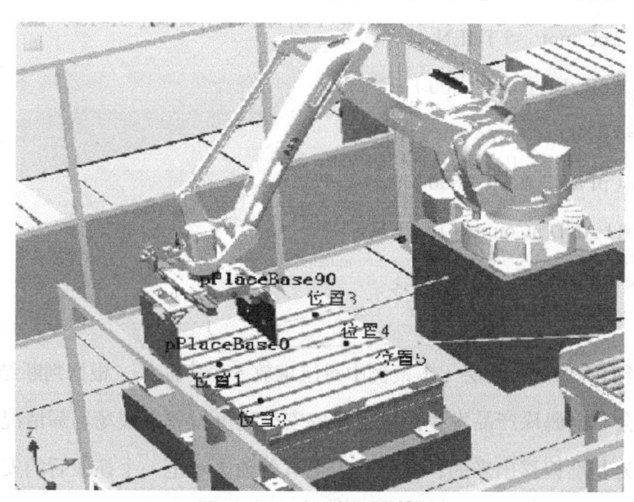

图 7-36　摆放位置算法

CASE 2：

pTarget.trans.x：=pPlaceBase0.trans.x+nBoxL：

pTarget.trans.y：=pPlaceBase0.trans.y：

pTarget.trans.z：=pPlaceBase0.trans.z：

pTarget.rot：=pPlaceBase0.rot：

pTarget.robconf：=pPlaceBase0.robconf：

pTarget：=Offs（pTarget，Compensation，{nCount，1}，Compensation{nCount，2}，Compensation{nCount，3}）：

CASE 3：

pTarget.trans.x：=pPlaceBase90.trans.x：

pTarget.trans.y：=pPlaceBase90.trans.y：

```
pTarget.trans.z: =pPlaceBase90.trans.z:
pTarget.rot: =pPlaceBase90.rot:
pTarget.robconf: =pPlaceBase90.robconf:
pTarget: =Offs (pTarget, Compensation, {nCount, 1}, Compensation{nCount, 2},
Compensation{nCount, 3}):

CASE 4:
pTarget.trans.x: =pPlaceBase90.trans.x+nBoxW:
pTarget.trans.y: =pPlaceBase90.trans.y:
pTarget.trans.z: =pPlaceBase90.trans.z:
pTarget.rot: =pPlaceBase90.rot:
pTarget.robconf: =pPlaceBase90.robconf:
pTarget: =Offs (pTarget, Compensation, {nCount, 1}, Compensation{nCount, 2},
Compensation{nCount, 3}):

CASE 5:
pTarget.trans.x: =pPlaceBase90.trans.x+2*nBoxW:
pTarget.trans.y: =pPlaceBase90.trans.y:
pTarget.trans.z: =pPlaceBase90.trans.z:
pTarget.rot: =pPlaceBase90.rot:
pTarget.robconf: =pPlaceBase90.robconf:
pTarget: =Offs (pTarget, Compensation, {nCount, 1}, Compensation{nCount, 2},
Compensation{nCount, 3}):
CASE 6:
pTarget.trans.x: =pPlaceBase0.trans.x:
pTarget.trans.y: =pPlaceBase0.trans.y-nBoxL:
pTarget.trans.z: =pPlaceBase0.trans.z+nBoxH:
pTarget.rot: =pPlaceBase0.rot:
pTarget.robconf: =pPlaceBase0.robconf:
pTarget: =Offs (pTarget, Compensation, {nCount, 1}, Compensation{nCount, 2},
Compensation{nCount, 3}):

CASE 7:
pTarget.trans.x: =pPlaceBase0.trans.x+nBoxL:
pTarget.trans.y: =pPlaceBase0.trans.y+nBoxL:
```

```
pTarget.trans.z：=pPlaceBase0.trans.z+nBoxH：
pTarget.rot：=pPlaceBase0.rot：
pTarget.robconf：=pPlaceBase0.robconf：
pTarget：=Offs（pTarget，Compensation，{nCount，1}，Compensation{nCount，2}，
Compensation{nCount，3}）：

CASE 8：
pTarget.trans.x：=pPlaceBase90.trans.x：
pTarget.trans.y：=pPlaceBase90.trans.y-nBoxW：
pTarget.trans.z：=pPlaceBase90.trans.z+nBoxW：
pTarget.rot：=pPlaceBase90.rot：
pTarget.robconf：=pPlaceBase90.robconf：
pTarget：=Offs（pTarget，Compensation，{nCount，1}，Compensation{nCount，2}，
Compensation{nCount，3}）：

CASE 9：
pTarget.trans.x：=pPlaceBase90.trans.x+nBoxW：
pTarget.trans.y：=pPlaceBase90.trans.y-nBoxW：
pTarget.trans.z：=pPlaceBase90.trans.z+nBoxW：
pTarget.rot：=pPlaceBase90.rot：
pTarget.robconf：=pPlaceBase90.robconf：
pTarget：=Offs（pTarget，Compensation，{nCount，1}，Compensation{nCount，2}，
Compensation{nCount，3}）：

CASE10：
pTarget.trans.x：=pPlaceBase90.trans.x+2*nBoxW：
pTarget.trans.y：=pPlaceBase90.trans.y-nBoxW：
pTarget.trans.z：=pPlaceBase90.trans.z+nBoxW：
pTarget.rot：=pPlaceBase90.rot：
pTarget.robconf：=pPlaceBase90.robconf：
pTarget：=Offs（pTarget，Compensation，{nCount，1}，Compensation{nCount，2}，
Compensation{nCount，3}）：

CASE11：
pTarget.trans.x：=pPlaceBase0.trans.x：
```

```
pTarget.trans.y：=pPlaceBase0.trans.y：
pTarget.trans.z：=pPlaceBase0.trans.z：
pTarget.rot：=pPlaceBase0.rot：
pTarget.robconf：=pPlaceBase0.robconf：
pTarget：=Offs（pTarget，Compensation，{nCount，1}，Compensation{nCount，2}，
Compensation{nCount，3}）：

CASE12：
pTarget.trans.x：=pPlaceBase0.trans.x+nBoxL：
pTarget.trans.y：=pPlaceBase0.trans.y：
pTarget.trans.z：=pPlaceBase0.trans.z+2*nBoxH：
pTarget.rot：=pPlaceBase0.rot：
pTarget.robconf：=pPlaceBase0.robconf：
pTarget：=Offs（pTarget，Compensation，{nCount，1}，Compensation{nCount，2}，
Compensation{nCount，3}）：

CASE13：
pTarget.trans.x：=pPlaceBase90.trans.x：
pTarget.trans.y：=pPlaceBase90.trans.y：
pTarget.trans.z：=pPlaceBase90.trans.z+2*nBoxH：
pTarget.rot：=pPlaceBase90.rot：
pTarget.robconf：=pPlaceBase90.robconf：
pTarget：=Offs（pTarget，Compensation，{nCount，1}，Compensation{nCount，2}，
Compensation{nCount，3}）：

CASE 14：
pTarget.trans.x：=pPlaceBase90.trans.x+nBoxW：
pTarget.trans.y：=pPlaceBase90.trans.y：
pTarget.trans.z：=pPlaceBase90.trans.z+2*nBoxH：
pTarget.rot：=pPlaceBase90.rot：
pTarget.robconf：=pPlaceBase90.robconf：
pTarget：=Offs（pTarget，Compensation，{nCount，1}，Compensation{nCount，2}，
Compensation{nCount，3}）：

CASE 15：
```

```
pTarget.trans.x：=pPlaceBase90.trans.x+2*nBoxW：
pTarget.trans.y：=pPlaceBase90.trans.y：
pTarget.trans.z：=pPlaceBase90.trans.z+2*nBoxH：
pTarget.rot：=pPlaceBase90.rot：
pTarget.robconf：=pPlaceBase90.robconf：
pTarget：=Offs（pTarget，Compensation，{nCount，1}，Compensation{nCount，2}，
Compensation{nCount，3}）：

DEFAULT：
TPErase：
TPWrite”The counter is error，please check it!”：
Stop：
！若当前 nCount 数值均为所并列 CASE 中的数值，则被视为计数出错，写屏显示信息，并停止程序运行
ENDTEST
Return pTarget;
！计算出放置位置后，将此位置数据返回，在其他程序中调用此功能后则算出当前所需的摆放位置数据
ENDFUNC
PROC rPlaceRD（）
！码垛计数程序
TEST nPalletNo
！利用 TEST 判断执行哪侧码垛计数
CASE 1：
！若为 1，则执行左侧码垛计数
Incr nCount_L：
！左侧计数 nCount_L 加 1，其等同于：nCount_L：=nCount_L+1：
IF nCount_L>15 THEN
Set do02_PalletFull_L：
bPalletFull_L：=TRUE：
nCount_L：=1：
ENDIF
！判断左侧码盘是否已满载，本案例中码盘上面只摆放 15 个产品，则当计数数值大于 15，则视为满载，
输出左侧码盘满载信号，将左侧满载布尔量置为 TRUE，并复位计数数据 nCount_L
CASE 2：
！若为 2，则执行右侧码垛计数
Incr nCount_R：
```

```
！右侧计数 nCount_R 加 1；
IF nCount_R>15 THEN
Set do 03_PalletFull_R：
bPalletFull_R：=TRUE：
nCount_R：=1：
ENDIF
```

！判断右侧码盘是否满载，本案例中码盘上面只摆放 15 个产品，则当计数数值大于 15，则视为满载，输出右侧码盘满载信号，将右侧满载布尔量置为 TRUE，并复位计数数据 nCount_R

```
DEFAULT：
TPERASE：
TPWRITE"The data 'nPallerNo' is error，please check it!"：
Stop：
！数据 nPalletNo 数值出错处理，提示操作员检查并停止运行
ENDTEST
PROC rCheckHomePos（）
！检测机器人是否在 Home 点程序
VAR robtagrget pActualPos：
IF NOT CurrentPos（pHome，tGripper）THEN
pActualpos：=CRobT（/Toll：=tGripper/WObj：=wobj0）：
pActualpos.trans.z：=pHome.trans.z：
MoveL pActualpos，v500，z10，tGripper：
MoveJ pHome，v100，fine，tGripper：
ENDIF
ENDPROC
```

关于检测当前机器人是否在 Home 点的程序，以及里面功能调用到的下面比较目标点功能 CurrentPos，可参考搬运应用案例中的详细介绍

```
FUNC bool CurrentPos（robtarget ComparePos，INOUT tooldata TCP）
！比较机器人当前位置是否在给定目标点偏差范围之内
VAR num Counter：=0
VAR robtarget ActualPos：
ActualPos：=CRobT（/Tool：=tGripper/WObj：=wobj0）：
IF ActualPos.trans.x>ComparePos.trans.x-25 AND
ActualPos.trans.x<CoparePos.trans.x+25 Counter：=Countrt+1：
IF ActualPos.trans.y>ComparePos.trans.y-25 AND
ActualPos.trans.y<CoparePos.trans.y+25 Counter：=Countrt+1：
```

```
IF ActualPos.trans.z>ComparePos.trans.z-25 AND
ActualPos.trans.z<CoparePos.trans.z+25 Counter：=Countrt+1；
IF ActualPos.trans.rot.q1>ComparePos.rot.q1-0.1 AND
ActualPos.rot.q1<ComparePos.rot.q2+0.1 Counter：=Counter+1；
IF ActualPos.trans.rot.q2>ComparePos.rot.q2-0.1 AND
ActualPos.rot.q2<ComparePos.rot.q2+0.1 Counter：=Counter+1；
IF ActualPos.trans.rot.q3>ComparePos.rot.q3-0.1 AND
ActualPos.rot.q3<ComparePos.rot.q3+0.1 Counter：=Counter+1；
IF ActualPos.rot.q4>ComparePos.rot.q4-0.1 AND  ActualPos.rot.q4<ComparePos.rot.q4+0.1
Counter：=Counter+1；
RETURN Counter=7；
ENDFUNC

TRAP tEjectPallet_L
！左侧码盘更换中断程序，当左侧满盘满载后将满载信号为 1，同时将满载布尔量置为 TURE；当满载码盘被取走后，则利用此中断程序将满载输出信号复位，满载布尔量置为 FALSE
Reset do02_PalletFull_L
！左侧蛮子输出信号复位
bPalletFull_L：=FALSE
ENDTRAP

TRAP tEjectPallet_R
！右侧码盘更换中断程序，同上
Reset do03_Palletfull_R；
bpalletFull_R：=FALSE；
ENDTRAP

PROC rMoveAbsj（）
MoveAbsJ jposHome/NoEOffs，v100，fine，tGripper/WObj：=wobj0；
！手动执行该程序，将机器人移动至各关节轴机械零位，在程序运行过程中不被调用
ENDPROC

PROC rModPos（）
！专门用于手动示教关键目标点的程序
MoveL pHome，v100，fine，tGripper/WObj：=wobj0；
```

```
! 示教 Home 点，在工件坐标系中 Wobj0 示教
MoveL pPick_L，v100，fine，tGripper/WObj：=Wobj0：
! 示教左侧产品抓取位置，在工件坐标系 Wobj0 中示教
MoveL pPick_L，v100，fine，tGripper/WObj：=Wobj0：
! 示教右侧产品抓取位置，在工件坐标系 Wobj0 中示教
MoveL pPlaceBase0_L，v100，fine，tGripper/WObj：=WobjPallet_L：
! 示教左侧放置基点（不旋转），在工件坐标系 WobjPallet_L 中示教
MoveL pPlaceBase90_L，v100，fine，tGripper/WObj：=WobjPallet_L：
! 示教左侧放置基点（旋转 90°），在工件坐标系 WobjPallet_L 中示教
MoveL pPlaceBase0_R，v100，fine，tGripper/WObj：=WobjPallet_L：
! 示教右侧放置基点（不旋转），在工件坐标系 WobjPallet_R 中示教
MoveL pPlaceBase90_R，v100，fine，tGripper/WObj：=WobjPallet_R：
! 示教右侧放置基点（旋转 90°），在工件坐标系 WobjPallet_R 中示教
ENDPROC
ENDMODULE
```

7.2.11 示教目标点

在本工作站中，需要示教七个目标点。

Home 点 pHome 如图 7-37 所示。

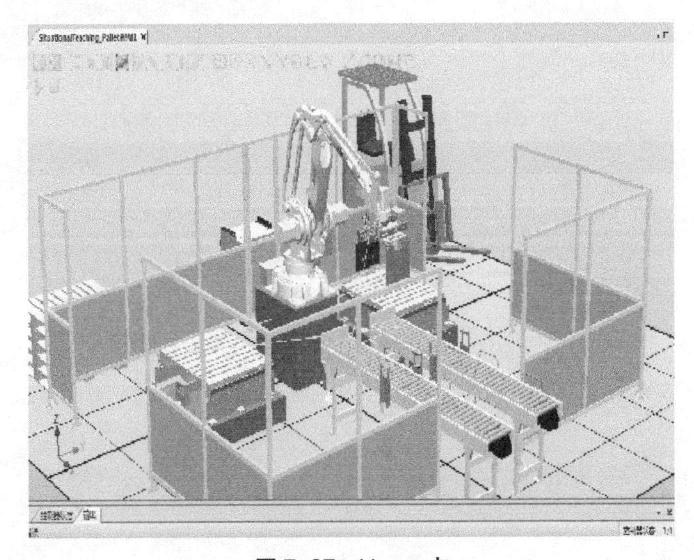

图 7-37　Home 点

左侧抓取点 pPick_L 如图 7-38 所示。

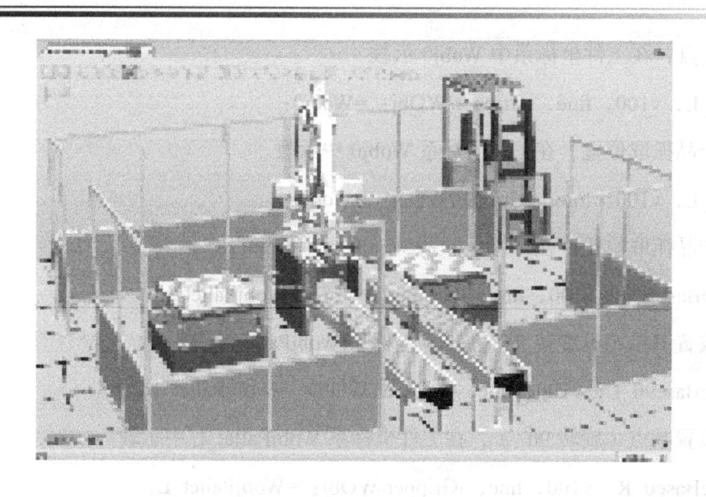

图 7-38　左侧抓取点

右侧不旋转放置点 pPlaceBase0_R 如图 7-39 所示。

图 7-39　右侧不旋转放置点

右侧旋转 90° 放置点 pPlaceBase90_R 如图 7-40 所示。

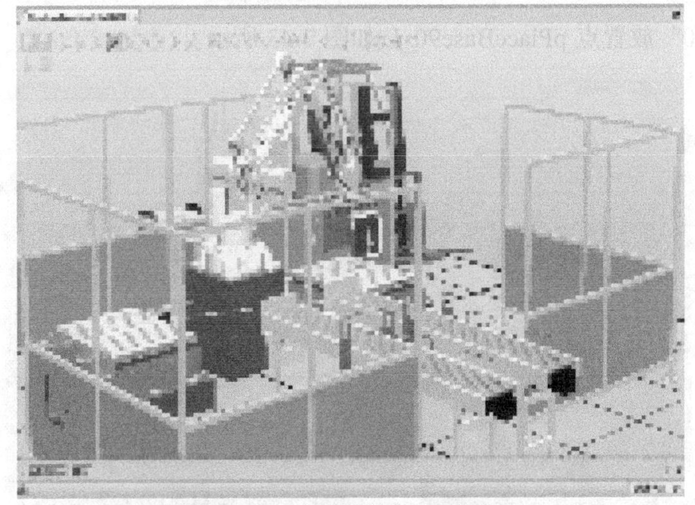

图 7-40　右侧旋转 90° 放置点

右侧抓取点 pPick_R 如图 7-41 所示。

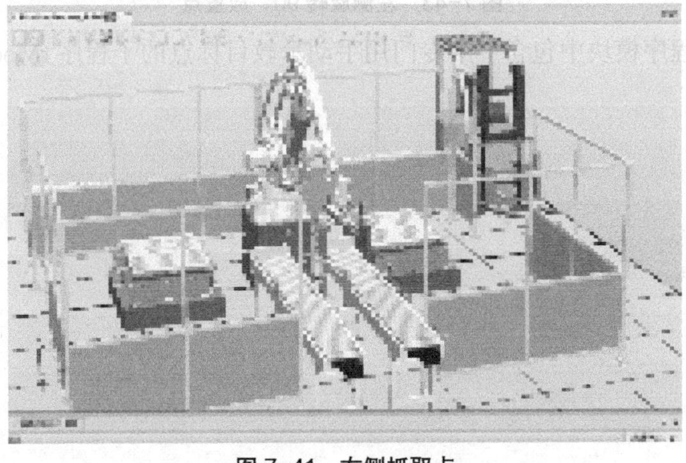

图 7-41　右侧抓取点

左侧不旋转放置点 pPlaceBase0_L 如图 7-42 所示。

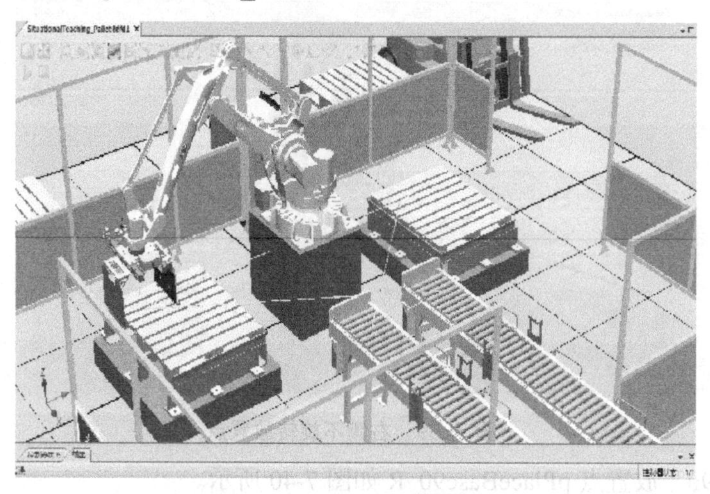

图 7-42　左侧不旋转放置点

左侧旋转 90° 放置点 pPlaceBase90_L 如图 7-43 所示。

图 7-43　左侧旋转 90° 放置点

在 RAPID 程序模块中包含一个专门用手动示教目标点的子程序 rModPos，如图 7-44 所示。

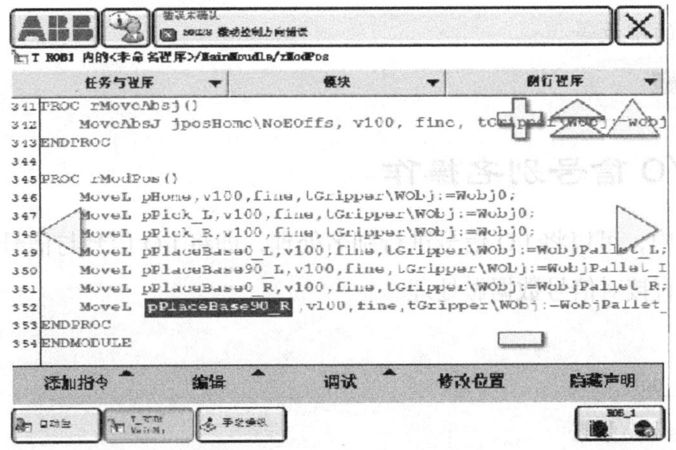

图 7-44　子程序 rModPos

示教目标点完成之后，在“仿真”菜单中单击“I/O 仿真器”，如图 7-45 所示。

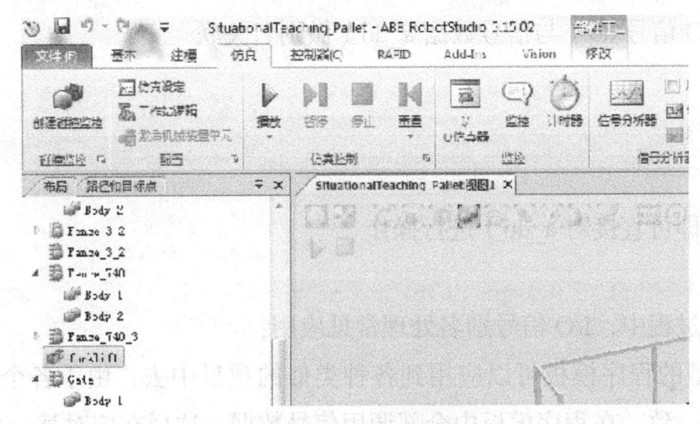

图 7-45　单击“I/O 仿真器”

在实际的码垛应用过程中，若遇到类似的码垛工作站，可以在此程序模板基础上做相应的修改，导入真实机器人系统中后执行目标点示教即可以快速完成程序编写工作。

任务三　知识扩展

任务目标

1. 学会码垛节拍优化技巧。
2. 学会多个工位码垛程序编写。

任务描述

ABB 拥有全套先进的码垛机器人解决方案，包括全系列的紧凑型 4 轴码垛机器人，如 IRB260、IRB460、IRB660、IRB760，以及 ABB 标准码垛夹具，如夹板式夹具、吸盘式夹具、夹爪式夹具、托盘式夹具等，其广泛应用于化工、建材、饮料、食品等各行业生产线物料、货物的堆放等。

任务实施

7.3.1 I/O 信号别名操作

在实际应用中，可以将 I/O 信号进行别名处理，即将 I/O 信号与信号数据做关联，在程序应用过程中直接对信号数据做处理。

例如：

```
VAR signaldo a_dol；
！定义一个 signaldo 数据
PROC InitA11（）
AliasIO do 1，a_do 1；
！将真实 I/O 信号 do 1 与信号数据 a_do 1 做别名关联
ENDPROC
PROC rMove（）
Set a_do 1；
！在程序中即可直接对 a_do 1 进行操作
ENDPROC
```

在实际应用过程中，I/O 信号别名处理常见应用：

1）有一典型的程序模板可以应用到各种类似的项目中去，由于各个工作站中的 I/O 信号名称可能不一致，在程序模板中全部调用信号数据。这样在应对某一项目时，只需将程序中的信号数据与该项目中机器人的实际 I/O 信号做别名关联，则无需再更改程序中关于信号的语句。

2）真实的 I/O 信号是不能用作数组的，可以将 I/O 信号进行别名处理，将对应的信号数据定义为数组类型，这样便于编写程序。

例如：

```
VAR signaldi diInpos{4}；
PROC InitA11（）
AliasIO diInPos_1，diInPos{1}：
AliasIO diInPos_2，diInPos{2}：
AliasIO diInPos_3，diInPos{3}：
AliasIO diInPos_4，diInPos{4}：
ENDPROC
```

在程序中可以直接对信号数据 diInPos{} 进行处理。

7.3.2 利用数组存储码垛位置

对于一些常见的码垛跺型，可以利用数组来存放各个摆放位置数据，在放置程序中直接调用该数据即可。

下面以一个简单的例子来介绍此种用法，如图 7-46 所示，这里只摆放 5 个位置。

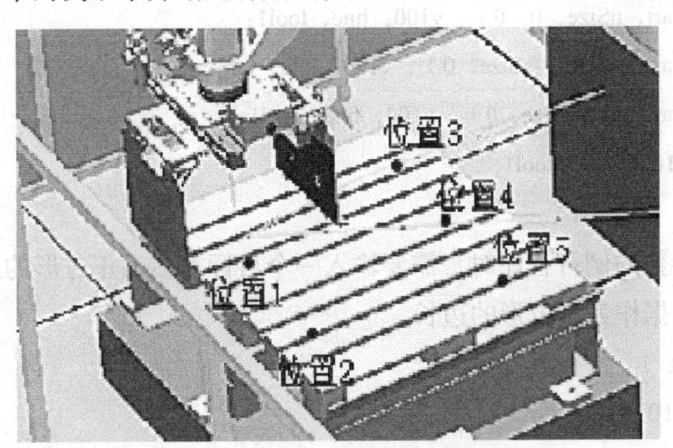

图 7-46　数组存储码垛位置

只需示教一个基准位置 p1 点。

之后创建一个数组，用于存储 5 个摆放位置数据：

PERS num nPosition{5，4}：=[[0，0，0，0]，[600，0，0，0]，[-100，500，0，-90]，[300，500，0，-90]，[700，500，0，-90]]：

！该数组中共有 5 组数据，分别对应 5 个摆放位置；每组数据中有 4 项数据值，分别代表 X、Y、Z 偏移值以及旋转度数。该数组中的各项数值只需要按照几何算法算出各摆放位置相对于基准点 p1 的 X、Y、Z 偏移值以及旋转度数（此例子中产品长为 600mm，宽为 400mm）

PERS num nCount：=1；

！定义数字型数据，用于产品计数

PROC rPlace（）

......

MoveL RelTool（p1，nPosition{nCount，1}，nPosition{ nCount，2}，nPosition{nCount，3}\Rz：=nPosition{nCount，4}），V1000，fine，tGripper\WobjPallet_L：

......

ENDPROC

调用该数组时，第一项所引号为产品计数 nCount，利用 RelTool 功能将数组中每组数据的各项数值分别叠加到 X、Y、Z 偏移，以及绕着工具 Z 轴方向旋转的度数之上，即可较为简单地实现码垛位置的计算。

3.3 带参数例行程序

在编写例行程序时，可以附带参数。

下面以一个简单的画正方形的程序为例来对此进行介绍，程序如下：

```
PROC rDraw_Square（robotarget pSize）
MoveL pStart，v100，fine，tool1；
MoveL Offs（pStart，nSize，0，0），v100，fine，tool1；
MoveL Offs（pStart，nSize，-nSize，0），v100，fine，tool1；
MoveL Offs（pStart，0，-nSize，0），v100，fine，tool1；
MoveL pStart，v100，fine，tool1；
ENDPROC
```

在调用此带参数的例行程序时，需要输入一个目标点多为正方形的顶点，同时还需要输入一个数字型数据作为正方形的边长。

```
PROC rDraw（）
rDraw_Square  p10，100；
ENDPROC
```

在程序中，调用画正方形程序，同时输入顶点 p10、边长 100，则机器人 TCP 会完成如图 7-47 所示轨迹。

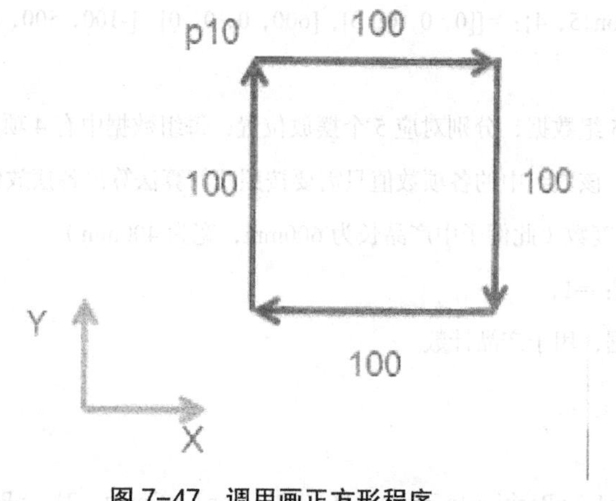

图 7-47 调用画正方形程序

3.4 码垛节拍优化技巧

在码垛过程中，最为关注的是每一个运行周期的节拍。在码垛程序中，通常可以在以下几个方面进行节拍的优化。

1）在机器人运行轨迹过程中，经常会有一些中间过渡点，即在该位置机器人不会具体触发事件，如拾取正上方位置点、放置正上方位置点、绕开障碍物而设置的一些位置点，在运动至这些位置点时应将转弯半径设置得相应大一些，这样可以减少机器人在转角时的速度衰减，同时也可以使机器人的运行轨迹更加圆滑。

例如：在拾取放置动作过程中如图 7-48 所示，机器人在拾取和放置之前需要先移动至其正上方处，之后竖直上下对工作进行拾取放置动作。

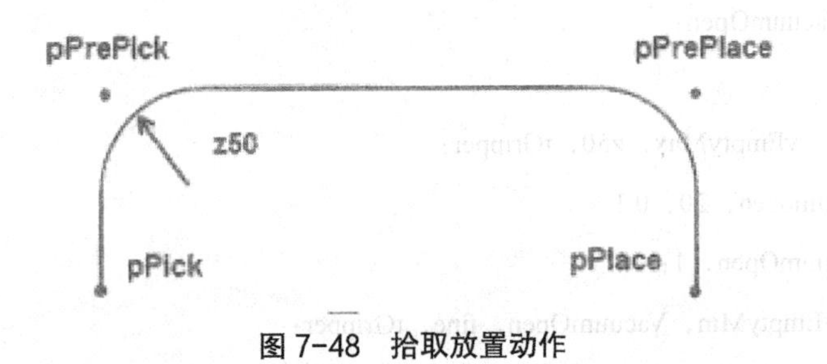

图 7-48　拾取放置动作

程序如下：

```
MoveJ pPrePick，vEmptyMax，z50，tGripper;
MoveL pPick，vEmptyMin，fine，tGripper;
Set doGripper;
… …
MoveJ pPrePlace，vLoadMax，z50，tGripper;
MoveL pPlace，vLoadMin，fine，tGripper;
Reset doGripper;
… …
```

2）在机器人 TCP 运动至 pPrePick 和 pPrePlace 点位的运动指令中写入转弯半径 z50，这样机器人可在此两点处以半径为 50mm 的轨迹圆滑过度，速度衰减较小。在满足轨迹要求的前提下，转弯半径越大，运动轨迹越圆滑。但在 pPick 和 pPlace 点处需要置位夹具动作，所以一般情况下使用 fine，即完全到达该目标点处再置位夹具。

善于运用 Trigg 触发指令，即要求机器人在准确的位置触发事件，如真空夹具的提前开真空、释放真空，带钩爪夹具对应钩爪的控制均可以采用触发指令，这样能够在保证机器人速度不减速的情况下在准确的位置触发相应的事件。

如在真空吸盘式夹具对产品进行拾取过程中，一般情况下，拾取前需要提前打开真空，这样可以减少拾取过程的时间，在此案例中，机器人需要在拾取位置前 20mm 处将真空完全打开，夹具动作延迟时间为 0.1s，如图 7-49 所示。

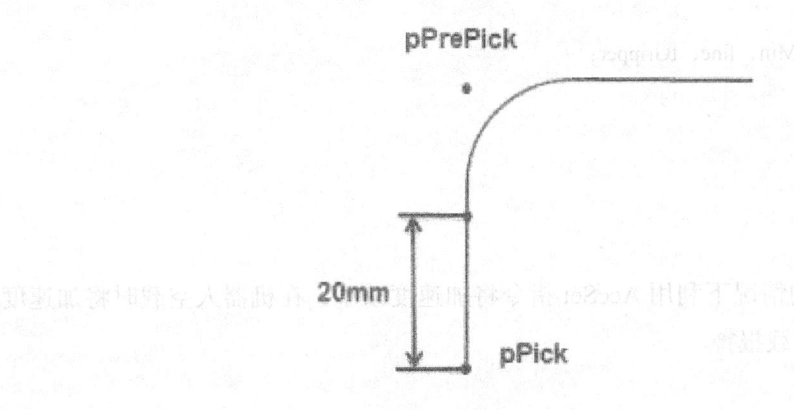

图 7-49 轨迹圆滑过度

程序如下：

```
VAR triggdata VacuumOpen：
... ...
MoveJ pPrePick，vEmptyMax，z50，tGripper：
triggEquip Vacuumopen，20，0.1
\DOp：=do VacuumOpen，1：
TriggL pPick，vEmptyMin，VacuumOpen，fine，tGripper：
... ...
```

这样，当机器人 TCP 运动至拾取点位 pPick 之前 20mm 处已将真空完全打开，这样可以快速地在工件表面产生真空，从而将产品拾取，减少了拾取过程的时间。

3）程序中尽量少使用 Waittime 固定等待时间指令，可以在夹具上面添加反馈信号，利用 WaitDI 指令，当等待到条件满足则立即执行。

例如，在夹取产品时，一般预留夹具动作时间，设置等待时间过长则降低节拍，过短则可能夹具未运动到位。若用固定的等待时间 Waittime，则不容易控制，也可能增加了节拍。此时若利用 WaitDI 监控夹具到位反馈信号，则可便于对夹具动作的监控及控制。

4）在某些运动轨迹中，机器人的运行速度 过大则容易触发过载报警。在整体满足机器人载荷能力要求的前提下，此种情况多是由于未正确设置夹具重量和重心偏移，以及产品重量和重心偏移所导致。此时需要重新设置该项数据，若夹具或产品形状复杂，可调用例行程序 LoadIdentify，让机器人自动测算重量和重心偏移；同时也可利用 AccSet 指令来修改机器人的加速度，在易触发过载报警的轨迹之前利用此指令降低加速度，过后再将加速度加大。例如：

```
... ...
MoveL pPick，vEmptyMin，fine，tGripper：
Set doGripper：
WaitDI diGripClose，1：
AccSet 70，70;
... ...
MoveL pPlace，vLoadMin，fine，tGripper：
Reset doGripper：
WaitDI diGripOpen，1：
AccSet 100，100;
... ...
```

在机器人有负载的情况下利用 AccSet 指令将加速度减小，在机器人空载时将加速度加大，这样可以减少过载报警。

5）在运行轨迹中通常会添加一些中间过渡点以保证机器人能够绕开障碍物。在保证轨迹安全的前提下，应尽量减少中间过渡点的选取，删除没有必要的过渡点，这样机器人的速度才可能提高。如果两个目标点之间离得较近，则机器人还未加速至指令中所写速度，则就开始减速，这种情况下机器人指令中写的速度即使再大，也不会明显提高机器人的实际运行速度。

例如，机器人从 pPick 点运动至 pPlace 点时需要绕开中间障碍物，需要添加中间过渡点，此时应在保证不发生碰撞的前提下尽量减少中间过渡点的个数，规划中间过渡点的位置，否则点位过于密集，不易提升机器人的运行速度，如图 7-50 所示。

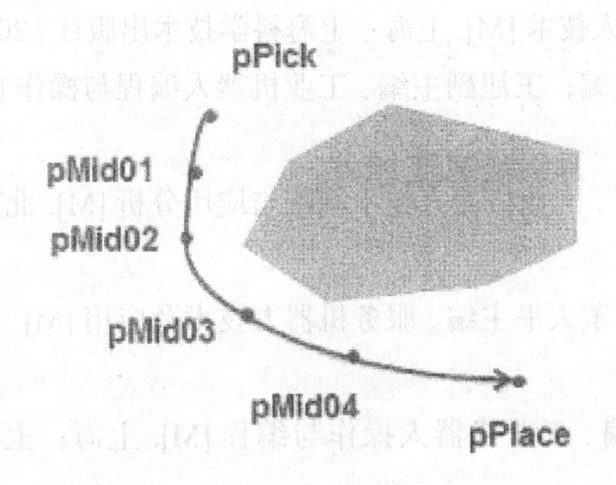

图 7-50 中间过渡点

6）整个机器人码垛系统要合理布局，即使工件点尽可能靠近；优化夹具设计，尽可能地减少夹具开合时间，并减轻夹具重量；尽可能地缩短机器人上下运动的距离；对不需保持直线运动的场合，用 MoveJ 代替 MoneL 指令（需事先低速测试，以保证机器人在运动过程中不与外部设备发生干涉）。

参考文献

[1] 余丰闯，田进礼，张聚峰主编 . ABB 工业机器人应用案例详解 [M]. 重庆：重庆大学出版社 , 2019.05.

[2] 荆学东 . 工业机器人技术 [M]. 上海：上海科学技术出版社 , 2018.06.

[3] 雷旭昌，王定勇主编；王旭副主编 . 工业机器人编程与操作 [M]. 重庆：重庆大学出版社 , 2018.09.

[4] 罗霄，罗庆生编著 . 工业机器人技术基础与应用分析 [M]. 北京：北京理工大学出版社 , 2018.03.

[5] 谷明信，赵华君，董天平主编 . 服务机器人技术及应用 [M]. 成都：西南交通大学出版社 , 2019.01.

[6] 陈永平，李莉主编 . 工业机器人操作与编程 [M]. 上海：上海交通大学出版社 , 2018.09.

[7] 刘伟，李飞，姚鹤鸣主编 . 焊接机器人操作编程及应用 [M]. 北京：机械工业出版社 , 2017.01.

[8] 周正军著 . 工业机器人工装设计 [M]. 北京：北京理工大学出版社 , 2017.07.

[9] 马文倩，晁林主编 . 机器人设计与制作 [M]. 北京：北京理工大学出版社 , 2016.03.

[10] 龚仲华编著 . 工业机器人编程与操作 [M]. 北京：机械工业出版社 , 2016.11.

[11] 朱林 . 工业机器人仿真与离线编程 [M]. 北京：北京理工大学出版社 , 2017.08.

[12] 李正祥，宋祥弟著 . 工业机器人 操作与编程（KUKA）[M]. 北京：北京理工大学出版社 , 2017.07.

[13] 李云江主编 . 机器人概论 [M]. 北京：机械工业出版社 , 2011.

[14] 李瑞峰著 . 工业机器人设计与应用 [M]. 哈尔滨：哈尔滨工业大学出版社 , 2017.01.

[15] 邵欣，檀盼龙，李云龙编著 . 工业机器人应用系统 [M]. 北京：北京航空航天大学出版社 , 2017.09.

[16] 曾任仁编著 . 工业设计原理与应用 [M]. 北京：中国林业出版社 , 2000.10.

[17] 刘杰，王涛主编 . 工业机器人应用技术基础 [M]. 武汉：华中科技大学出版社 , 2019.01.

[18] 吴昌林总主编；韩建海主编；杨叔子，李培根顾问 . 工业机器人 [M]. 武汉：华中科技大学出版社 , 2019.07.

[19] 裴洲奇主编 . 工业机器人技术应用 [M]. 西安：西安电子科技大学出版社 , 2019.02.

[20] 许怡赦 , 王玉方 , 许孔联 . 工业机器人系统集成技术应用教学设计与实践 [J]. 教育教学论坛 ,2022,(第 34 期)：141-144.

[21] 吕会安 . 基于工业机器人自动生产线总体设计与技术应用分析 [J]. 科学与信息化 ,2021,(第 31 期)：118-121.

[22] 黄永程 , 黎志勇 , 刘顺彭 . 工业机器人应用技术在机械设计制造及其自动化专业教学中应用 [J]. 内燃机与配件 ,2020,(第 19 期)：253-254.

[23] 苏宇 , 刘海燕 . 基于自主学习工业机器人的应用技术实验项目设计与实践 [J]. 教育观察 ,2020,(第 30 期)：112-114，125.

[24] 邱伟杰 . 基于"工业机器人应用技术"课程开发的机器人"斟酒"项目设计 [J]. 交通职业教育 ,2017,(第 3 期)：27-32.

[25] 王洋 , 王强 , 陈少波 , 李敏 . 基于 PLC 控制的工业机器人喷涂技术的集成与应用 [J]. 机器人技术与应用 ,2022,(第 3 期)：26-28.

[26] 陕西国防工业职业技术学院智能制造学院 . 工业机器人技术基础及应用"中文 +"课程建设 [J]. 中国高新科技 ,2022,(第 11 期)：155-157.

[27] 李小军 . 工业机器人应用编程 1+X 平台应用及其末端执行器优化设计★ [J]. 现代工业经济和信息化 ,2022,(第 5 期)：44-46，49.

[28] 王振士 . 工业机器人技术在电气控制中的应用 [J]. 中国新通信 ,2022,(第 2 期)：20-21.

[29] 贺峰 . 基于虚拟仿真技术的工业机器人系统开发设计 [J]. 信息与电脑 (理论版),2021,(第 21 期)：83-85，94.